世界国防科技年度发展报告（2018）

国防生物与医学领域科技发展报告

GUO FANG SHENG WU YU YI XUE LING YU KE JI FA ZHAN BAO GAO

军事科学院军事医学研究院卫生勤务与血液研究所

国防工業出版社

·北京·

图书在版编目（CIP）数据

国防生物与医学领域科技发展报告/军事科学院军事医学研究院卫生勤务与血液研究所编．—北京：国防工业出版社，2019．4

（世界国防科技年度发展报告．2018）

ISBN 978-7-118-11891-9

Ⅰ．①国…　Ⅱ．①军…　Ⅲ．①军事生物学—科技发展—研究报告—世界—2018　②军事医学—科技发展—研究报告—世界—2018　Ⅳ．①E916②E82

中国版本图书馆 CIP 数据核字（2019）第 127733 号

国防生物与医学领域科技发展报告

编　　者　军事科学院军事医学研究院卫生勤务与血液研究所
责任编辑　汪淳　王鑫
出版发行　国防工业出版社
地　　址　北京市海淀区紫竹院南路 23 号　100048
印　　刷　天津嘉恒印务有限公司
开　　本　710 × 1000　1/16
印　　张　15¼
字　　数　176 千字
版 印 次　2019 年 4 月第 1 版第 1 次印刷
定　　价　92.00 元

《世界国防科技年度发展报告》（2018）编委会

《国防生物与医学领域科技发展报告》

编 辑 部

主　　编 王　磊

副 主 编 张　音　李丽娟　刘　伟

《国防生物与医学领域科技发展报告》

审稿人员（按姓氏笔画排序）

刁天喜　王以政　王恒樑　吴海涛
伯晓晨　张令强　陈惠鹏　程　鲤

撰稿人员（按姓氏笔画排序）

习佳飞　王　华　王　磊　王小理
王晓玲　王静雪　卢姗姗　刘　术
刘　伟　杨俊岭　李　鹏　李长芹
李旭霞　李丽娟　李晓倩　李积宗
辛泽西　张　音　张京晋　陈　婷
岳　文　周　巍　周冬生　郝继英
栾　洁　高云华　高艳玲　蒋大鹏
蒋丽勇　楼铁柱　詹林盛　裴雪涛
薛晓芳　魏俊峰

编写说明

科学技术是军事发展中最活跃、最具革命性的因素，每一次重大科技进步和创新都会引起战争形态和作战方式的深刻变革。当前，以人工智能技术、网络信息技术、生物交叉技术、新材料技术等为代表的高新技术群迅猛发展，波及全球、涉及所有军事领域。智者，思于远虑。以美国为代表的西方军事强国着眼争夺未来战场的战略主动权，积极推进高投入、高风险、高回报的前沿科技创新，大力发展能够大幅提升军事能力优势的颠覆性技术。

为帮助广大读者全面、深入了解世界国防科技发展的最新动向，我们以开放、包容、协作、共享的理念，组织国内科技信息研究机构共同开展世界主要国家国防科技发展跟踪研究，并在此基础上共同编撰了《世界国防科技年度发展报告》（2018）。该系列报告由综合动向分析、重要专题分析和附录三部分构成。旨在通过跟踪研究世界军事强国国防科技发展态势，理清发展方向和重点，形成一批具有参考使用价值的研究成果，希冀能为实现创新超越提供有力的科技信息支撑。

由于编写时间仓促，且受信息来源、研究经验和编写能力所限，疏漏和不当之处在所难免，敬请广大读者批评指正。

军事科学院军事科学信息研究中心
2019 年 4 月

前　言

当前，以信息化为核心的新军事革命取得重大进展，以生物科技为代表的新一轮科技革命正在孕育。随着生命科学研究不断深入，特别是基因组学、微生物组学、脑与神经科学、信息与控制、仿生等前沿颠覆性技术的不断突破，生物技术的研究及成果应用正在深刻影响军事应用。世界主要国家从国防战略高度对生物技术进行整体布局，在助推信息化深入发展的同时，逐步引领信息化军事革命向生物化军事革命转变。

为帮助广大读者及时、准确、系统、全面地掌握 2018 年度国防生物与医学领域科技的发展动态和前沿热点，夯实研究基础，军事科学院军事医学研究院卫生勤务与血液研究所牵头编写了《国防生物与医学领域科技发展报告》。本书由综合动向分析、重要专题分析和附录三部分构成。其中，综合动向分析部分对 2018 年国防生物与医学科技、脑与认知神经科学、生物材料和仿生材料、生物电子、生物信息与计算、生物安全、战伤救治、新发传染病、战创伤输血救治、干细胞与再生医学等领域发展情况进行系统梳理；重要专题分析部分则针对 2050 年国防生物科技演变预判、美国《合成生物学时代的生物防御》、美国《国家生物防御战略》、军队特需药品研发进展、外军人效增强技术等热点技术进展展开深入研究和讨论；附录部分为大事记，记录了 2018 年国防生物与医学领域发生的重大事件。

本书是在统一编撰思想的指导下，由军内外国防生物与医学科技领域优势单位数十位专家共同完成，在此向所有参编单位及专家表示衷心的感谢。由于时间紧张，水平有限，错误和疏漏之处在所难免，敬请批评指正。

编者

2019 年 3 月

目　录

综合动向分析

重要专题分析

附录

ZONG HE

DONG XI ANG FEN XI

综合动向分析

2018 年国防生物与医学领域科技发展综述

21 世纪以来，随着与其他技术的不断交叉、融合，生物技术引领新一轮科技革命，生命组学、合成生物学、基因编辑等一系列前沿尖端技术不断取得突破性进展，必将对未来军事和国防发展格局产生前所未有的影响。2018 年，世界主要国家在生物交叉、生物安全、脑科学、生物材料、仿生技术、生物电子、生物信息与生物计算、人效能等技术领域取得重要进展。

一、DARPA 深入探索生物交叉技术对战备能力的影响

随着生物科技特别是基因组学、微生物组学、合成生物学、脑与认知神经科学以及细胞工程等前沿颠覆性技术的不断突破，生物技术的基础研究及应用成果正在深刻影响和作用于军事作战和情报侦查的各个领域，给国防科技体系建设带来了新的机遇和挑战。美国国防高级研究计划局（DARPA）生物技术办公室于 2018 年 5 月发布跨部门公告（BAA），围绕其当前关注的 16 个技术领域，向工业部门征求意见建议。生物技术办公室在

技术领域的投入不仅包括生命科学的医学应用，如人机界面、微生物生产平台等研究领域，还深入探索生物交叉技术对美国战备和能力的影响：一是积极研发传染病快速诊断预防技术，启动预防新兴致病威胁（PRE-EMPT）、表观遗传特征与监测（ECHO）、协作或对抗（Friend or Foe）和持续性水生生物传感器（PALS）项目。二是重点关注军人身心健康，启动生物停滞（Biostasis）项目，聚焦疾病防控关口前移；三是大力发展军事脑科学技术，启动下一代非侵入性神经技术（N^3）项目，探索用思想意识控制武器。

二、国际生物安全形势复杂严峻

生物安全是国际社会高度关注的安全议题。2018 年，国际生物安全威胁形势依然严峻，美俄围绕化生武器展开博弈。美国指责俄罗斯企图在英国利用神经毒剂杀害前特工，违反国际法使用化学或生物武器。俄罗斯国防部则指控美国在格鲁吉亚运营秘密生物武器实验室，违反国际公约，对俄罗斯构成直接安全威胁。此外，DARPA 资助的“昆虫联盟”项目受到德法科学家公开质疑，认为其可能用于未来新型生物武器研发。由于非国家行为体游离于国际法管控体系之外，生物恐怖的企图仍时有发生，德国破获企图利用蓖麻毒素制作生物武器事件。2018 年是《禁止生物武器公约》八审会后新一轮会间会的首年，由于面对新的议程设置，各方均高度关注并积极参与，年度专家组会与缔约国会如期举行。联合国新任秘书长古特雷斯首次发布“裁军议程”战略文件，凸显其将军控裁军问题置于优先地位的战略考量。2018 年，英美等国密集出台国家层面生物安全战略或重要生物安全文件，统筹谋划各自国家生物安全战略部署，抢抓生物安全战略优势，谋求生物安全战略主动。从2017年末到2018年，西方发达国家在生防研究产品开发上取得一系列新进展，针对埃博拉病毒、天花病毒、寨卡病毒、蓖麻毒素等重要生物剂研发新型疫苗或药物。

三、脑计划部署项目取得重要技术进展

美军脑计划实施5年来，在项目资助和经费投入等环节持续加大力度，相关研究成果也陆续发布，特别是在脑功能认知、创伤后脑功能恢复等领域取得了一系列重要技术进展。

“大脑定量模型构建”项目建成了基于刺激的记忆增强的海马新皮层模型；开发和应用了一套新的分类模型，可以预测海马电生理记录不同时空范围的行为结果；发展了集成神经重放、技能获取及后续记忆召回中神经、生理和环境影响的初步计算模型。“创伤后脑功能恢复”项目完善刺激参数以优化闭环、生物标志物驱动的刺激，以恢复语言和空间记忆；使用集成设备通过实时、闭环、生物标志物驱动的刺激来验证对记忆效能的促进。“神经适应技术项目”完成计算模型软件与原型设备硬件的集成；制造完成用于急性临床研究的原型装置；提交原型设备设计以获得监管批准；在临床病人中使用原型装置，验证通过实时、闭环刺激来调节疾病特异性精神障碍或神经行为。“基于适应性免疫调节的疗法”项目完善目标神经生理回路的解剖图谱和功能计算模型；量化目标对神经刺激的反应，验证反馈信号的计算模型和疗效；演示验证闭环神经调节集成系统的构成组件，控制人类或大型动物实验的健康状况。“增强神经可塑性”项目演示验证训练对大脑特定任务区域神经元和神经元网络连接的影响；评估神经可塑性针对训练对大脑神经生理学与学习速率的即刻效应；研究外周神经刺激设备调

节人类神经可塑性的机制；测试外周神经刺激和训练的脱靶效应。“假手本体感觉和触摸界面”项目演示验证新的假肢感知技术量化效果检测指标；启动测试先进的感知假肢；完善假肢技术中的感觉运动功能模型；向监管部门提交技术并进行审批。“复杂环境下的效能优化”项目完成信息大规模输入输出的系统设计，并通过关键设计审查；根据标准监管规范验证系统设计和安全方法；开展系统组件的实验室演示验证；开展个体神经元输入输出技术的体内演示验证；构建神经输入输出平台，监测调节大规模神经活动，以适应各种中枢神经系统应用。

四、生物材料和仿生材料获得创新发展

2018 年，生物材料和仿生材料在不同领域的多个项目上取得了一些突破，在国防生物科技的应用上显示出巨大的潜力，必须加以关注。

新型生物材料，在军用武器创新、医疗救治等方面取得了卓有成效的进展。受盲鳗启发，美国海军制造出军用黏液，可用于阻止敌船行进。爱尔兰先进材料和生物工程国家研究中心和德国科学家合作，开发出一种新型生物材料，可用于心脏病和烧伤患者的组织再生。俄罗斯圣彼得堡信息技术、机械和光学大学的研究团队研发出磁控止血纳米材料，该纳米材料可在磁场的控制下将止血药物送至内出血血管损伤处，从而发挥定点止血的作用。华盛顿大学的研究人员充分利用细菌特性，将大分子量的蛋白质转变为多项关键性能不逊于天然产物的合成蛛丝。瑞典生产出优于钢铁和蜘蛛丝的最强生物材料。

新型仿生材料，在人体效能增强、细菌感染控制等方面显示了事半功倍的成效。芬兰赫尔辛基大学创造出类似生物细胞结构的由膜封闭的隔室，

成功发展出一种仿生功能性细胞纳米反应器。美国南加利福尼亚大学研究人员受人厌槐叶苹叶面结构的启发，并结合沉浸式表面积累3D打印技术制备了末端带有“打蛋器”样结构的微型人造毛发，实现了天然复杂微观结构的超疏水表面仿生复制。美国加利福尼亚研究人员开发出一种机器人手爪，这种手爪结合壁虎脚趾的黏附特性与空气动力柔性机器人的适应性，抓取范围远远胜于现有设备。美国、法国、英国、意大利、澳大利亚等国均投入了大量人力和物力以研制出性能更优越的外骨骼机器人产品。新加坡科技研究局生物工程和纳米技术研究所的研究人员模仿蜻蜓和蝉的翅膀表面纳米柱原理，研发了氧化锌纳米乳剂涂料。

五、生物电子领域继续稳步发展

生物电子元器件研究不断取得突破。2018年1月，德国慕尼黑工业大学通过电场加速基于DNA构建的机器人系统，使得DNA分子机器的移动速度比之前快了5个数量级。4月，上海科技大学首次以量子点等纳米颗粒为原料，用细菌完成了量子点涂层制造过程的精细控制，其最小精度可达100微米。9月，美国马萨诸塞大学安姆斯特分校将蛋白质纳米线与聚合物材料相结合，生产出一种柔性电子复合材料，具备蛋白质纳米线的导电性和独特传感能力。

生物燃料电池继续向实用化方向发展。2018年1月，美国加州大学圣迭戈分校等机构发明了一种模仿电鳗放电器官的新型柔性电池，有望应用于下一代软体机器人等领域。2月，英国剑桥大学开发出一种新型藻类燃料电池，可以利用藻类等微生物的光合特性将光转换为电流，电池功率密度比现有设备提高5倍。8月，美国纽约州立大学研制成功一种靠细菌发电的新型纸基生物电池，具有适用性广、生态友好且成本低廉等特性。

人工突触与忆阻器等生物电子信息处理与存储研究依旧火热，为神经形态芯片与类脑计算奠定硬件基础。2018 年 1 月，美国国家标准与技术研究院制造出一种超导突触，它由纳米尺度磁性元件制成，能量效率超出人类突触的 100 倍以上。2 月，微软公司和华盛顿大学合作开发新的 DNA 序列检索与解码技术，将 35 个文件、总共 200.2 兆字节的数据存储到了 1300 万对 DNA 碱基中，并成功在 1030 万条 DNA 序列数据库里找到并解码这些数据。4 月，美国麻省理工学院设计了一种人造突触，能够精确控制电流强度，标志着人类向便携式、低功耗神经形态芯片迈出了重要一步。12 月，美国密歇根大学开发了一种新型电子设备，可以直接模拟突触的行为，这是首次在不使用复杂电路条件下实现神经元共享—竞争模式的硬件应用。

生物量子研究引发关注。2018 年 10 月，英国牛津大学声称用光子首次实现了细菌的量子纠缠。虽然结果尚存争议，但生物科学与量子科学必将发生更深度的交叉融合。

六、军事生物信息与生物计算技术加速转化应用

2018 年，《美国国立卫生研究院数据科学战略计划》《半导体合成生物学技术路线图》等相继发布，对推动生物医学大数据和计算生物技术发展具有里程碑意义。军事生物信息与生物计算技术发展方向进一步明确并加强项目部署：DARPA 生物技术办公室提出，开发和验证新的理论和计算模型，以确定生物有机体（从单个细胞到全球生态系统）的集群行为和交互行为的基本要素与原则；新部署的“预防新兴病原体威胁”“表观遗传表征与观测”“持续水下活体传感器”“先进植物技术”“生物稳态”等项目，

都内嵌有作为加速器的生物信息和计算生物学技术的系统整合和重点研发。美国情报高级研究计划局（IARPA）启动“威胁的功能基因组和计算评估”（Fun GCAT）、“寻找工程相关生物指标”（FELIX）、“面向信息处理和存储技术的半导体合成生物学（Semisyn Bio）”等生物信息和生物计算研究项目。基于特定军事需求的“前症状因子暴露检测（PRESAGED）”早期预警算法、生物信息数据分析软件MINDS、ThreatSEQ DNA筛查服务网络平台等开发成功，军民两用的人工智能系统AlphaFold、基于DNA的实验人工神经网络、DNA存储、数据随机读取、DNA计算、细胞计算等方向和领域取得重大进展。特别是DNA存储备受行业资本青睐，Twist Bioscience等公司相关DNA合成制造工业进入加速开发和商业化应用阶段。

未来10~20年，随着对生物表征分析工具和对生物工程化操作工具的深度变革，生物信息和计算生物学技术将得到极大的发展。基于生物大分子存储、细胞存储技术的特定用途信息保藏、交换和加密具有广阔应用前景。DNA计算、蛋白质计算等生物分子计算、细胞计算以及神经形态计算、量子生物计算等生物启发计算将得到进一步拓展，泛在的生物计算元器件隐蔽于未来的战场和生态环境中，生物智能技术全面融入并有望超越现代信息技术。

七、人体效能增强技术不断发展

打造“超级战士”一直是世界各国军事机构的终极目标。随着药物作为增强人体效能的主要手段面临越来越多的伦理学质疑及士兵自我保护意识增强，外力增强体能、神经认知增强与生理机能优化等成为当前人体效能增强领域研究的重点，包括DARPA重点开展人体效能优化、人机系统结合、生物系统行为设计和控制研究，以及重点推进神经系统疾病的治疗并优化人体机能、研制生物体与物理世界的无缝混合系统、开发支持人类在极端环境作战的技术、实现生物组件在军事系统中的应用等研究。让最合适的士兵执行最合适的任务一直是军队发展的终极目标，因此在各类技术发展到一定程度后，对人差异性的了解、对个体进行量身定做的效能增强是美军未来追求的主要方向，包括武器装备主动感知人类研究实现人机完美融合，通过“全面暴露健康”项目对士兵进行编程和解编程，以及美军对基因工程技术的深入探索性研究与应用等。

（军事科学院军事医学研究院卫生勤务与血液研究所　王磊　张音
李丽娟　刘术　楼铁柱　刘伟　王静雪　李长芹　李鹏　蒋丽勇）
（中国科学院上海生命科学研究院　王小理）

2018 年美军脑计划项目发展综述

美军脑计划实施 5 年来，在项目资助和经费投入等环节持续加大力度，相关研究成果也陆续发布，特别是在脑功能认知、创伤后脑功能恢复、脑机接口、脑图谱识别等领域取得了一系列重要技术进展。

一、大脑定量模型构建

“大脑定量模型构建”项目旨在建立脑功能数学基础，用于推动美国国防部认知神经科学、计算能力和信号处理领域未来的进展。“大脑定量模型构建”项目的一个重要焦点是确定大脑如何存储和召回信息，开发学习、记忆和测量大脑活动的定量预测模型。然后利用这一知识，在数学系统中开发功能强大的新符号计算能力，提供理解复杂变化的信号与任务的能力，同时降低软硬件要求和其他测量资源。包括提出全面的数学理论，在多个采集水平提取和利用信号中的信息，从根本上概括超出常规领域多维度来源的压缩感知。涉及信号先验、任务先验和适应有关的新理论将使这些进展得以实现。

“大脑定量模型构建”项目将进一步利用大脑活动和组织研究与建模的新进展，完善个体训练，确定创伤性脑损伤（TBI）、创伤后应激障碍（PTSD）等认知康复疾病的新疗法。“大脑定量模型构建”项目取得成功的关键是能够检测出大脑形成新的、分层组织的记忆和记忆簇时所产生的细胞和网络水平变化，并将这些变化与动物执行行为任务时的记忆功能相关联。

当前取得的成果主要包括：①建成了基于刺激的记忆增强的海马新皮层模型；②开发和应用了一套新的分类模型，可以预测海马电生理记录不同时空范围的行为结果；③发展了集成神经重放、技能获取及后续记忆召回中神经、生理和环境影响的初步计算模型。

二、创伤后脑功能恢复

创伤后脑功能恢复（Restoration of Brain Function Following Trauma）项目利用对大脑活动和组织理解与建模的最新进展，开发创伤性脑损伤的治疗方法。其关键是能够检测和量化大脑在新记忆形成过程中发生的功能和结构变化，并将这些变化与随后行为任务执行过程中的记忆召回相互联系。该项目还将开发监测和调节神经活动的神经接口硬件，帮助临床患者成功地形成新记忆。项目最终目标是确定可以绕过或恢复记忆神经功能的有效治疗方法。

2018 财年经费投入 1738.6 万美元，研究计划包括：①完善刺激参数以优化闭环、生物标志物驱动的刺激，以恢复语言和空间记忆；②使用集成设备通过实时、闭环、生物标志物驱动的刺激来验证对记忆效能的促进。

三、神经调节、适应与增强

（一）神经适应技术

神经适应技术（Neuro - Adaptive Technology）项目将探索和开发用于实时检测和监测神经活动的先进技术。目前，现有大脑功能映射技术的缺点是不能获得将神经功能与人类活动行为相互联系的实时关联数据。了解大脑结构与功能的关系，以及大脑和行为相互联系的机制是一项关键步骤，可以为罹患各类脑部疾病的军人提供实时、闭环治疗方法。该项目将重点研究参与创伤后应激障碍、创伤性脑损伤、抑郁和焦虑患者的神经元网络，并确定如何更好地改善这些疾病。项目目标是开发新的硬件和建模工具，更好地区分人类行为表达和神经功能之间的关系，并通过新的设备提供救治。这些工具将有助于更好地理解大脑如何调节行为，并能为军人神经精神疾病和神经系统疾病提供新的、疾病特异的、动态的神经疗法。军方感兴趣的技术包括实时检测行动任务中大脑活动的设备、同步采集大脑活动和行为的设备，以及将神经活动与人类行为表达相关联的统计模型。

2018 财年经费投入 2006 万美元，研究计划包括：①完成计算模型软件与原型设备硬件的集成；②制造完成用于急性临床研究的原型装置；③提交原型设备设计以获得监管批准；④在临床病人中使用原型装置，验证通过实时、闭环刺激来调节疾病特异性精神障碍或神经行为。

（二）基于适应性免疫调节的疗法

基于适应性免疫调节的疗法（Adaptive Immunomodulation - Based Therapeutics）项目旨在开发平台技术研究确定调节免疫反应和重要器官功能的生物路径。为了实现这一能力，需要开发新的工具来刺激、测量神经系统反应并绘制生物电代码。该项目还将确定免疫功能与健康的关系，及早发现疾病。另一项研究内容是表征严重感染患者的宿主反应，并开发定量框架用于指导免疫反应的调节。该项目还将开发新的算法，评估和预测个体的各种生理状态。研究进展将提高重大传染病和生物威胁的反应能力，为疾病治疗或恢复器官功能提供新的途径。

2018 财年经费投入 1696.2 万美元，研究计划包括：①完善目标神经生理回路的解剖图谱和功能计算模型；②量化目标对神经刺激的反应，验证反馈信号的计算模型和疗效；③演示验证闭环神经调节集成系统的构成组件，控制人类或大型动物实验的健康状况。

（三）增强神经可塑性技术

增强神经可塑性（Enhancing Neuroplasticity）项目旨在探索与发展促进突触可塑性的刺激方法和非侵入设备，用来影响更高层次的认知功能。这项研究的预期关键进展将创建神经可塑性调节相关生物回路的解剖和功能图谱，并优化可长期有效的刺激和训练方案。研究一旦取得成功，神经可塑性训练基本机制可应用于美国国防部各类认知技能训练，包括外语学习、数据和情报分析等。

2018 财年经费投入 1943 万美元，研究计划包括：①演示验证训练对大脑特定任务区域神经元和神经元网络连接的影响；②评估神经可塑性针对训练对大脑神经生理学与学习速率的即刻效应；③研究外周神经刺激设备调节人类神经可塑性的机制；④测试外周神经刺激和训练的脱靶效应。

（四）靶向神经可塑性训练

“靶向神经可塑性训练”（Targeted Neuroplasticity Training，TNT）项目旨在探索神经可塑性在智能增强（Intelligence Augmentation，IA）中的作用。目前的多样化军事任务要求美军现役士兵必须具备大脑高速运转能力，包括敏锐的感知能力、快速和准确的判断能力，以及高效的思维整合和问题解析能力。尽管美军已开展了大量耗时、高强度的训练，但效果往往不尽如人意。

为了应对这一挑战，DARPA 启动了针对健康成年人的靶向神经可塑性训练项目，希望以此来加速大脑的学习、认知和识别能力，即采用技术方法来提升大脑能力超过正常水平。此前，DARPA 资助的军事脑科学研究项目均是针对阿尔茨海默病等患病人群，以保护或恢复神经受损为目的而开展的相关研究。靶向神经可塑性训练项目为期4 年，研究目标包括：①阐明调节神经可塑性的外周神经系统的解剖学结构和功能学机制；②分析外周神经刺激对大脑支配学习能力、认知能力和识别能力等区域的影响；③优化非侵入性外周神经刺激方法以及靶向神经可塑性训练计划，消除潜在的副作用。基于上述目的，靶向神经可塑性训练项目将聚焦2 个技术领域：靶向神经可塑性训练的生物学功能和靶向神经可塑性训练在健康成年人中的应用。

靶向神经可塑性训练的生物学功能的研究重点为：①证明外周神经刺激能够通过改变大脑神经活性以及神经化学物质来提升神经可塑性；②证明与对照组相比，靶向神经可塑性训练能够将大脑神经生理学、学习速率和效果提升至少 15%；③优化对动物模型的刺激方法和训练计划，尽可能消除潜在的副作用。

靶向神经可塑性训练在健康成年人中的应用的研究重点为：①阐明外周神经刺激对人体神经可塑性的调节机制；②参照动物实验数据和指标，开发简单、易操作的人体外周神经刺激方法；③评价靶向神经可塑性训练对学习速率及记忆力维持时间的提升作用。

四、脑机接口

（一）高分辨率神经接口项目

2017 年 7 月，美军宣布开发高分辨率神经接口工作系统。技术研发合同承担单位包括布朗大学、哥伦比亚大学、法国视听基金会、耶鲁大学约翰皮尔斯实验室、Paradromics 公司和加州大学伯克利分校等 5 家研究机构和 1 家公司，合同金额为 6500 万美元。

研究团队将在 DARPA 神经工程系统设计（NESD）项目下开展研究，开发植入式技术，此项研究将使计算机能够向大脑处理感觉输入的区域直接发送信息和指令。研究工作将具体到单个神经元，研究大脑特定区域神经网络所扮演的角色，以理解大脑处理知觉信号的机制；研究人员还将开发能在大脑中解释和生成信号的相关技术和算法。布朗大学的团队主要负责研究解码大脑处理语言的机制；Paradromics 公司主要负责研制“神经输入输出总线”（Neural Input - Output Bus，NIOB）的微型电极束，每个电极会与多个神经元连接，总共包含 20 万个微型电极的 4 个电极束可以连接 100 万个神经元。研究人员还将研究视觉皮层神经元与高分辨率人工视网膜连接。

（二）假手本体感觉和触摸界面

假手本体感觉和触摸界面（Prosthetic Hand Proprioception & Touch Interfaces，HAPTIX）研究的最新进展对于截肢伤员的益处有限，因为控制肢体的用户接口存在性能低下和可靠性不强的问题。DARPA 通过“可靠神经接口技术”（RE - NET）项目的资助，已经研发出解决这些问题的新的接口系统，可以供伤员终生使用。本项目的目标是创建第一个双向（运动和感觉）

外周神经植入物，能够控制和感知先进假肢系统。该项目高度关注技术转化，将创建和转化相关临床技术，为遭受单个或多个肢体丧失的伤员提供保障。

2018 财年经费投入 1570 万美元，研究计划包括：①演示验证新的假肢感知技术量化效果检测指标；②启动测试先进的感知假肢；③完善假肢技术中的感觉运动功能模型；④向监管部门提交技术并进行审批。

（三）可植入神经接口

2017 年 8 月，美国莱斯大学研究人员宣布，在 DARPA 的“神经工程系统设计”（NESD）项目资助下开发出一种名为 FlatScope 的平面显微镜原型样机。该显微镜将安装在大脑的表面，并能检测大脑皮层神经元里的光信号。除了较过去技术能监测到更多神经元，FlatScope 还可以更深入大脑中，研究我们如何处理感觉，甚至进而控制感觉输入。此外，FlatScope 观察到的神经元也较过去从平面进展为立体。研究人员指出，这样的观察规模，让他们得以接触到皮层的密集层，而这里是大多数大脑计算过程发生的地方，由许多神经元连接组成。

FlatScope 得到了 DARPA 4 年共计 400 万美元的经费资助，目标为开发出可帮助病人恢复视听觉的光学软硬件界面。不过，FlatScope 目前仍在初期阶段，仅在人造荧光物上测试，需要用电线供电以传输资料。但是，其观察规模已经清楚到可观察到个别神经元，且能跟上大脑活动的速度。研究人员表示，他们的下一步是在实验鼠上测试这套系统。一方面测试该系统人体使用的安全性，另一方面探索让活化神经元发光，以及无线供电给微型显微镜和下载数据的方法，预计 4 年内开始进行人体试验。

（四）扩大复杂生物信号的运用

扩大复杂生物信号的运用（Generalizing Complex Biological Signals）的

最新进展已经可以实现高分辨率、高精度的神经系统接口能力。目前，通过这些接口发送和接收数据，要求研究人员为每个用户开发新的信号处理算法。该项目试图通过新的体系结构和系统实现不同用户之间复杂生物信号的推广归纳，从而在用户之间产生灵活可变的神经接口方法，可以接收和响应环境、生理和神经信息。基于这种推广化的通信方法，未来神经技术设备可推进人机交互、人人交互，进行信息交流或任务分配来平衡工作量。该项目 2018 财年的预算为 9.49 万美元，计划研究内容包括：启动项目研究，并确定多模态输入处理和实时反馈；开始分析现有生物信号数据中通用的信号处理架构；开展初步闭环研究，了解人机交互和人人交互。

五、复杂环境下的效能优化

复杂环境下的效能优化（Performance Optimization in Complex Environments）项目侧重于利用传感器、计算和分析领域的进展，研究在复杂环境中实现人体效能优化的问题。系统设备技术发展到了一个新里程，人类可以广泛连接到持续性的生理、认知和环境传感器及信息系统。同时，体域网（Body Area Networks）、可穿戴显示器、触觉以及其他新型人机接口已经非常先进，可以聚焦方便实时的神经反馈和生物反馈多因素分析。该项目首先专注于开发原型与制造技术，综合这两大领域进展，促进专门任务学习训练等各类活动的效能优化，并减轻生理伤害和心理障碍的不良影响。研究还将重点关注与了解各种形式的传感和驱动技术，改善随着时间推移而改变的生物反馈对人体能力的效果。该项目开发的技术将为士兵提供新的效能基础，包括恢复丧失的能力、态势感知、韧性、认知和生理效能、战斗力倍增等。

2018 财年经费投入 2153 万美元，研究计划包括：①完成信息大规模输入输出的系统设计，并通过关键设计审查；②根据标准监管规范验证系统设计和安全方法；③开展系统组件的实验室演示验证；④开展个体神经元输入输出技术的体内演示验证；⑤构建神经输入输出平台，监测调节大规模神经活动，以适应各种中枢神经系统应用。

六、依据大脑活动识别身份技术

在美军的资助下，纽约宾汉姆顿大学科研人员研究出一种根据大脑活动来识别身份的技术。他们通过记录浏览特定图片和信息时人脑产生的特殊波形，对待检测人员的身份信息进行识别，目前身份识别准确率高达百分之百。“脑纹”是基于特定脑电波信号的特征复合图。“脑纹”识别技术主要依靠提取人脑在浏览识记特定信息时产生的脑电波信号，进行特征提取和身份识别。作为人体独有的“身份”信息，“脑纹”未来将在身份识别领域发挥重要作用。随着研究的深入展开，“脑纹”将改变人们的生活，或许在不久的将来，大脑就是直接验证身份信息的“密码”。

研究人员要求志愿者浏览经过特殊设计的500幅图片，并通过脑电图头套记录他们的大脑活动信息，建立“脑纹”数据库，50 名志愿者的身份识别准确率达到了百分之百。同时，当志愿者阅读单词时，计算机处理系统可根据每个人阅读单词时脑电波反应直接识别出身份信息，准确率高达94%。此外，柏克莱大学的科学家也通过记录人们专心思考不同事件时的脑电波活动，建立独特的个人“脑纹”识别特征库，同样具有较高的身份识别率。

目前，美国陆军正加紧生物监测识别系统（TBS）的研制工作，通过搜集人员的生物信息，对敌我和危险分子进行快速准确判断。依托“脑纹”建立的敌我身份认知系统，将大大提升战场辨别和侦察能力，由此构建的数字化士兵系统也将成为未来智慧军营和军事物联网的重要组成部分。

（军事科学院军事医学研究院卫生勤务与血液研究所　李鹏　楼铁柱　张音）

2018 年生物和仿生材料领域发展综述

2018 年，各国在生物和仿生材料领域都取得了一定成果。在生物材料领域，利用石墨烯开发的新型生物材料、人工合成类似于鳗鱼黏液的生物材料以及蜘蛛丝研究取得的成绩令人瞩目。在仿生材料研究方面，美国、以色列等国家和地区研发和制造出可转化应用的仿生蘑菇、仿生水凝胶等，推动仿生材料向多样化和性能优化方向发展。基于二者在军事领域巨大的应用潜能，生物材料和仿生材料仍将是各国国防科技研究中的重要组成部分，预测人力和资金投入不会缩减。

一、生物材料

爱尔兰研究人员利用石墨烯开发出新型生物材料，美军人工合成类似于鳗鱼黏液的生物材料，美国和瑞典在蜘蛛丝研究方面取得的突破以及俄罗斯研发快速止血用磁控纳米材料等成为 2018 年各国在生物材料研发领域的代表性成果和进展。

（一）爱尔兰研究人员利用石墨烯开发出新型生物材料

2018 年 7 月，爱尔兰先进材料和生物工程国家研究中心（AMBER）和德国科学家合作，开发出一种新型生物材料，可用于心脏病和烧伤患者的组织再生。目前，要修复超过2厘米的神经损伤非常困难。通过具备再生能力的生物材料，与一种能进行电刺激的材料相结合，向受损组织传递电信号，促进损伤区域的功能恢复是一种理想途径。胶原蛋白具有再生潜能，而石墨烯具有独特的机械和电气性能，且薄如蝉翼。研究人员充分利用二者的优势，生成一种机械强度高、导电性能良好的材料，这种新型材料可促进细胞生长。当电刺激发生时，心肌细胞可根据电脉冲方向进行有效调整，这种特性有利于神经缺损和大面积心脏壁损伤的修复，也可用于脊髓和大脑等区域的再生。此外，该新型材料还具备防感染功能，可用于抗菌设备和生物传感器的研发。

（二）美军人工合成类似于鳗鱼黏液的生物材料

海鳗是一种深海生物，其腺体能分泌出一种纤维状的黏液物质，该黏液与水接触之后迅速膨胀，体积可扩大10000倍。研究人员称，海鳗黏液由两种以蛋白质为基础的成分构成，即黏线和黏蛋白。黏线卷曲成团，遇水时如弹簧瞬间弹开，形成通道。黏蛋白则与水结合，严格控制水流在黏线划割的通道内流动。粘线、黏蛋白及海水构成一个三维黏弹性网络。之后，黏线开始坍塌，结构松散，黏液逐渐消失。鳗鱼黏线具备类似于凯芙拉纤维的机械特性，可用于加固塑料产品和橡胶齿轮。

研究人员称，鳗鱼或类似物质能在数秒之间改变水的形状和特性，具备合成军用防御工具的所有特性，其战术意义不容小觑。受此启发，美国海军科研人员将太平洋盲鳗的 α 蛋白和 γ 蛋白分离出来，让其在交联溶液中迅速结合，最终人工合成类似于鳗鱼黏液的生物材料。该生物材料遇海水之后会迅速膨胀开来，堵塞螺旋桨，迫使其停机，可协助军方在不使用常规技术的情况下阻止敌船前行。

该研究尚处于探索阶段。研究人员将着重对材料的附着能力、环境应答及潜在的传递机制进行改善和优化。一旦成功，该材料将在弹道防御、消防、防污、潜水防护及海战中发挥重要作用。

（三）美国研究人员合成性能更强的蜘蛛丝

细菌可将蛋白质合成性能更优异的生物蛛丝。2018 年 8 月 20 日，华盛顿大学圣路易斯分校的研究人员在《生物大分子学》杂志上发表文章称，其可充分利用细菌特性，生成多项关键性能不逊于天然产物的合成蛛丝。蛛丝的强度可媲美钢铁，韧性优于凯芙拉纤维。研究团队发现，蜘蛛丝的拉伸强度和韧性与其分子量存在正相关，即分子越大，蛛丝性能越强。研究试图提升合成蛛丝在分子水平上的性能，由特定的 DNA 序列推动蛋白质融合过程，序列重复的次数越多，蛋白质就越大，所得的合成蛛丝性能就越强大。

细菌无法处理过大的序列，这是该研究遭遇的瓶颈之一。研究人员在 DNA 中添加了一个新的短序列，以此促发蛋白质之间的化学反应，使其能融合为更大的蛋白质。研究人员最终打造出了性能更强的丝蛋白链，较普通天然丝蛋白更长，几乎是其他生物合成蛛丝蛋白的两倍。

（四）俄罗斯研发快速止血用磁控纳米材料

出血仍然是导致战创伤死亡的主要原因之一。2018 年 1 月 10 日，俄罗斯圣彼得堡信息技术、机械和光学大学的研究团队在《科学报告》上发表文章称，研发出磁控止血纳米材料，该纳米材料可在磁场的控制下将止血药物送至内出血血管损伤处，从而发挥定点止血的作用。

该纳米材料含有两种关键成分：人类凝血酶和溶胶衍生的磁铁基特种材料。凝血酶可与溶解于血浆中的纤维蛋白原发生作用，形成血块以堵塞血管损伤处；磁铁基特种材料用于包覆凝血酶，将其研磨至 200 纳米以下，然后进行胶化，从而产生纳米颗粒，并在外部磁场的作用下实现在人体内的定向移动。制备的纳米颗粒已在体外实验中显示了前体活性并能够引起血浆凝固，将凝血时间缩短了6倍以上，相应将失血量减少到1/15。研究人员将尽快开展动物实验及临床试验，最终目的是研发可用于人体内出血快速止血的磁控纳米药剂，这在战场战创伤救治领域具有重大应用价值。

（五）瑞典生产出优于钢铁和蜘蛛丝的生物基纤维材料

科学日报网站2018年5月16日报道，瑞典研究人员已生产出迄今为止最强的生物材料。这种超强材料由纤维素纳米纤维制成，研究人员使用创新的生产方法成功将这些纳米纤维的独特力学性能转化为宏观轻质材料，相关成果发表在美国化学学会出版的《ACS Nano》杂志上。

测量结果显示，这种可生物降解的纤维素纤维比钢铁、其他金属或合金、玻璃纤维和大多数其他合成材料的强度都要更强，并且该材料的强度是天然拉索蜘蛛丝纤维的8倍，而蜘蛛丝通常被认为是强度最强的生物材料。据研究人员估计，该材料可用作飞机、汽车、家具和其他产品中塑料的环保替代品，还可用于制造可生物降解的零部件。此外，由于纤维素对人体无害，这种新型材料还可能具有较大的生物医用潜力。

二、仿生材料

仿生蘑菇、仿生超疏水表面、仿生水凝胶、仿生细胞纳米反应器、仿生纳米载体、仿生纳米涂层及“壁虎灵感胶黏剂”手爪是仿生领域的代表性成果。

（一）仿生蘑菇

2018年11月，美国史蒂文斯理工学院的研究人员开发出使用石墨烯发电的仿生蘑菇。研究人员将3D打印的蓝细菌簇与蘑菇融合，使真菌具备发电能力，并投入石墨烯纳米，用以收集电流，三者组合可构成一个全新的功能性仿生系统。研究人员首先使用3D打印机打印含有纳米石墨烯的“电子墨水”，构建分支网络。该分支网络可充当蘑菇帽顶部的电力收集带，获取蓝藻细胞内部产生的生物电子。之后，将含有蓝细菌的“生物墨水”以螺旋图案的形式打印到蘑菇帽上，螺旋图案在多个接触点处与电子墨水相交。在这些位置，电子可以通过蓝细菌的外膜转移到石墨烯纳米带的导电网络。最后，光线照射蘑菇激活蓝细菌的光合作用，产生光电流。研究人员发现，网络的密度和排列方式是影响电量多少的原因之一。该研究将微生物与纳米材料无缝整合，印证了混合系统可以在两个不同的微生物之间进行人工合成或工程共生，可为环境、国防、医疗保健等领域构建人工生物混合物提供指导，应用潜能巨大。

（二）仿生超疏水表面

超疏水表面具有自清洁、抗黏附等功能，在科学研究和工业生产乃至现实生活中都具有极大的利用价值。2017年12月27日，美国南加利福尼亚大学陈勇教授研究团队在《先进材料》杂志上发表文章称，其受人厌槐叶苹叶面结构的启发，并结合沉浸式表面积累3D打印技术制备了末端带有“打蛋器”样结构的微型人造毛发，实现了天然复杂微观结构的仿生复制。研究表明，在光固化树脂中加入一定的多壁碳纳米管能够进一步改善表面粗糙度和机械性能，而不同数量的“打蛋器”样结构能够可控地影响其表面黏附力（23~55微牛之间），表面展现出良好的超疏水性质，在油、水分离方面具有潜在应用价值。

（三）仿生水凝胶

2018年3月，美国普渡大学的研究人员通过研究海底贻贝牢牢吸附于岩石和船底的现象，研发出一款新型仿生胶水。该研究项目由美国海军研究办公室支持，相关研究成果发表在《ACS 应用材料与界面》期刊上。贻贝之所以在水下也能黏附在其他东西的表面，是因为它们拥有覆盖天然胶质的细微触手。天然胶质中富含蛋白质与一种名为二羟苯丙氨酸的氨基酸。当其他胶黏剂与水发生反应的时候，二羟苯丙氨酸中的茶酚化合物仍然能保持黏性，将贻贝与其他材料的表面牢牢黏合。研究人员仿照该机制，在人工聚合物中添加了相同的氨基酸和贻贝蛋白质之后，成功制成了这款水下胶水。测试结果表明，当用于粘接抛光铝片时，新胶水的表现优于目前使用的多种商业胶黏剂，是唯一一种在测试中连接木头与抛光铝片的胶黏剂，黏性是天然胶质的 17 倍。

（四）仿生细胞纳米反应器

生物细胞是非常复杂的微环境，利用仿生纳米技术模拟和研究细胞内分离的酶调控机制，能为生化药品的开发、生物诊断技术及生物智能材料的研究提供参考和思路。2017 年 1 月 23 日，芬兰赫尔辛基大学在《先进材料》上发表文章称，其团队以十一烯酸改性的热烃化 PSi 纳米颗粒来“捕获”辣根过氧化物酶（HRP）作为模型，经修饰的纳米颗粒可提供酶的限域环境。通过在 PSi 纳米颗粒表面涂覆上孤立的癌细胞膜，创造出类似生物细胞结构的由膜封闭的隔室，以癌细胞膜包覆的 PSi 纳米颗粒为仿生细胞，能促进化学物质的流入流出，同时防止酶的外泄，成功发展出一种仿生功能性细胞纳米反应器。

（五）仿生纳米载体

2018 年 9 月，美国宾夕法尼亚州立大学的研究人员在《美国化学会志》（JACS）期刊上发表文章，称其通过仿生金属有机配位聚合物（MOF）纳米粒子成功转运功能酶和药物蛋白。该研究团队通过水相自组装将蛋白分子高效封装在 MOF 纳米粒子内，并进一步包裹一层同源肿瘤的外泌体膜（EV）构建仿生纳米载体，可实现体内免疫逃离、肿瘤靶向和细胞内转运蛋白以抑制肿瘤生长。研究人员设计了一种生物友好的仿生纳米运送系统：选择 ZIF－8 纳米粒子装载治疗性蛋白质形成仿生纳米载体（MP），利用天然胞外囊泡膜（EVM）包裹 MP 纳米载体组装成 EMP 纳米运输器。不同于传统的脂质体载药模型，包裹胞外囊泡膜这一策略不仅能够有效地保护蛋白质免受血液中蛋白酶的降解和吞噬细胞的吞噬作用，而且可以协助穿透细胞膜屏障。乳腺癌来源的胞外囊泡膜可以辅助靶向乳腺肿瘤细胞，促进其对 EMP 运输器的内吞作用。当 EMP 纳米运输器被细胞内吞后，pH 敏感的金属与有机配体共价键断裂。随着有机配体的逐步质子化，微环境 pH 值升高，溶酶体膜通透性增强，从而完成目标蛋白质释放到内体或者溶酶体中，进而实现系统有效地运送蛋白质到靶器官治疗肿瘤的作用。

（六）仿生纳米涂层

蜻蜓和蝉的翅膀表面覆盖有一层“纳米柱”，会刺穿细菌的细胞膜并导致细菌死亡。据纳米技术网 2018 年 3 月 28 日报道，新加坡科技研究局生物工程和纳米技术研究所的研究人员模仿蜻蜓和蝉的翅膀表面纳米柱原理，研发了氧化锌纳米乳剂涂料。

氧化锌以其抗菌性强、对人体无毒害的特点而闻名。与其他表面相比，将纳米涂层在锌表面上施用时表现出最好的杀菌力，这是因为氧化锌纳米柱催化了超氧化物的释放，甚至能够杀死附近没有与表面直接接触的浮动细菌。涂料中的氧化锌纳米柱可以杀死多种细菌，包括主要通过表面接触传播的大肠杆菌和金黄色葡萄球菌。由于细菌是被机械杀死而不是化学杀死，因此该纳米涂层不会造成环境污染。另外，当细胞膜在接触时被纳米柱刺穿，细菌被完全破坏因而无法进一步发展出抗性。研究人员表示希望利用这项技术，以安全、廉价和有效的方式创造无菌表面。研究证实，这项技术对在医院或野战条件下创造无菌表面特别有用，其中杀菌对于控制感染扩散非常重要。

（七）“壁虎灵感胶黏剂”手爪

2018年4月，美国加利福尼亚研究人员开发出一种机器人手爪，这种手爪结合壁虎脚趾的黏附特性与空气动力柔性机器人的适应性，抓取范围远远胜于现有设备。该抓取器可抓取重达20千克的物体，能在工厂、国际空间站等多种环境中使用。

壁虎的脚趾上有精密的抓握结构，此前斯坦福大学的研究团队利用一种名为“壁虎灵感胶黏剂”的合成材料重构了这种结构。该胶黏剂由表面分子之间的分子相互作用提供动力，接触表面越大，效果越好。研究人员将该胶黏剂涂在柔性机器人手爪的手指上，最大限度地增加与其接触的表面积，结果显示该手爪的抓取能力更强、更牢固也更灵活，既能从不同角度抓取杯子和管子等物体，也能轻易抓取岩石等粗糙物体。未来该研究将着重关注胶黏剂抓握的算法以及“壁虎灵感胶黏剂”手爪在零重力和空间操作中的应用。

（军事科学院军事医学研究院卫生勤务与血液研究所

蒋丽勇　王静雪　张音）

2018 年生物电子领域发展综述

2018 年，生物电子领域继续稳步发展。DNA 分子机器有望制造出新型分子材料；细菌纳米电路有望应用于人工光合作用体系、燃料电池等领域；微生物纳米线电子材料具有蛋白质纳米线的导电性和独特的传感能力；模仿电鳗放电器官的新型柔性电池有望应用于下一代软体机器人、起搏器等领域；新型藻类燃料电池和细菌电池的功率密度大幅提高，逐步实现实用化；人工突触与忆阻器研究依旧火热，为神经形态芯片与类脑计算奠定硬件基础；DNA 存储与读取技术继续不断发展；科学家首次让单个生命体实现量子纠缠，虽然结果尚存争议，但生物科学与量子科学将会更深度的交叉融合。

一、生物电子元器件

（一）德国科学家利用 DNA 制作超快型机械臂

2018 年 1 月，德国慕尼黑工业大学的研究人员通过电场加速基于 DNA 构建的机器人系统，使得 DNA 分子机器的移动速度比之前快了 5 个数量级。

研究论文发表在《科学》（Science）杂志上。

科学家们使用DNA折纸技术构建了一个刚性平台，并用柔性接头连接了一条长臂（这些都是用DNA分子组成的）。这些结构被固定在一个特制的样品室的底部，里面装满了水，可以在此创造沿着平面往任意方向的电场。因为DNA带负电荷，可以通过电场操控。通过控制DNA的方向，能够诱导这条机械臂相对于平台产生任意的角运动。这种方法不需要外加刺激因素或者改变缓冲条件，电动操纵DNA非常快，电场甚至可以用于减少DNA锚定作用的稳定性从而加速从平面上释放机械臂。

研究人员指出，这项工作的目标是为DNA纳米设备的操纵提供一个新的方向。虽然无法很快实现“通用型”分子制造，但只要有正确的化学条件和适当的分子机制，就可以使这种简单的分子制造形式成为可能。

（二）中国科学家利用细菌制作纳米电路

2018年4月，中国科学家首次以量子点等纳米颗粒为原料，用细菌完成了三维立体的精巧形状和图案，实现了量子点涂层制造过程的精细控制，其精度可达100微米。科学家的长远目标是将该技术应用到芯片设计以及人工光合作用体系上。研究论文发表在《先进材料》（Advanced Materials）期刊上。

据负责这一研究的上海科技大学助理教授、研究员钟超介绍，传统的量子点制造技术是采用光刻、磁控溅射、蒸镀等方法。钟超团队则采用了大肠杆菌来生产量子点涂层，他们通过基因工程对大肠杆菌分泌的CsgA蛋白进行了修饰，使CsgA蛋白能够识别、结合经过金属配位化学修饰的无机纳米材料“量子点”。当大肠杆菌分泌CsgA蛋白形成生物膜时，量子点就连在CsgA蛋白上形成涂层。因为CsgA蛋白首先组成纤维，纤维再排列形成生物膜。一个纤维的亚单位（CsgA蛋白）识别一个纳米颗粒。因此，量子点在纤维上排列得非常规则。随着生物膜一层层增厚，量子点涂层可以随之叠加。研究人员可以按照时间顺序，定量加入不同的量子点，如红色的 CdSeS@ ZnS 量子点、绿色的 CdZnSeS@ ZnS 量子点、蓝色的 CdZnS@ ZnS 量子点等，以形成不同的涂层，并按照设计“图纸”，叠合在一起。

钟超团队还通过蓝光光控编程，能够在时间和空间上实现极其精细地控制。研究人员指出，这种方法能够实现单种和多种纳米颗粒在二维和三维基底表面上更复杂、更大规模的自组装，在生物电子、光电器件、生物催化和可穿戴设备方面具有潜在的应用价值。该技术生成的活性功能材料，有望应用于人工光合作用体系、燃料电池等领域。

（三）美国科学家用蛋白质纳米线制作出新的“绿色”电子材料

2018 年 9 月，美国马萨诸塞大学安姆斯特分校的科学家将蛋白质纳米线与聚合物材料相结合，从而生产出一种柔韧的电子复合材料，该材料保留了蛋白质纳米线的导电性和独特的传感能力。研究论文发表在 9 月的《Small》杂志上。

据研究人员介绍，蛋白质纳米线比硅纳米线和碳纳米管具有许多方面的优势，包括它们的生物相容性、稳定性以及具有检测化学物质的潜力。蛋白质纳米线的另一个优点是真正的“绿色”和可持续，可以通过用可再生原料培养的微生物来大规模生产蛋白质纳米线。传统纳米线材料的制造方式需要消耗大量的能量，也需要添加有害的化学物质。相比之下，蛋白质纳米线比硅线更薄，并且比硅在水中稳定，这对于生物医学应用非常重要。科学家在研究中将蛋白质纳米线引入聚合物聚乙烯醇形成导电网络，这些嵌入聚合物中的蛋白质纳米线的电导率随着 pH 值变化而显著变化，这种特性可以用于医学诊断。此外还可以对蛋白质纳米线的结构进行修饰，以便广泛检测其他生物医学分子。

二、生物燃料电池

（一）美国、瑞士科学家研发模仿电鳗的柔性电池

2018 年 1 月，美国加州大学圣迭戈分校、密歇根大学和瑞士弗里堡大学的研究团队发明了一种模仿电鳗放电器官的新型柔性电池，有望应用于下一代软体机器人、起搏器、假肢和医用植入物。这种电池由一些不同颜色的凝胶块组成，像电鳗的放电体一样以长条排列。研究论文发表在《自然》（Nature）杂志上。

研究人员选择了一种简单的方案来仿造电鳗的放电器官，他们采用凝胶块填充在两块独立基板之间。红色凝胶含有盐水，而蓝色凝胶含有淡水。离子原本会从红色凝胶流向蓝色凝胶，但由于基板的间隔，无法出现这样的流动。与此同时，与这块基板对应的另一块基板上布置了绿色和黄色凝胶，当它们桥接在蓝色和红色凝胶之间的空隙时，就能为离子运动提供通道。这一设计的机智之处在于：绿色凝胶块只允许正离子通过，而黄色凝胶块只允许负离子通过。这意味着正离子只能从一侧流入蓝色凝胶，负离子则只能从另一侧流入。这就在蓝色凝胶上产生了一个电压，就像放电体一样。而且，正如放电体“合作”放电一样，每个凝胶块只能产生微小的电压，但数千个凝胶块排成一排时，就能产生高达 110 伏的电压。

目前这种电池还需要主动充电。一旦激活，它们可以提供几个小时的电能，直到不同凝胶之间的离子水平达到平衡。此时就需要再次充电，用电流使凝胶回到高盐和低盐交替排列的状态。不过，科学家指出，人体能够不断补充含有不同离子浓度的体液蓄存，有朝一日或许能利用这些蓄存来开发新型电池。

（二）英国科学家将新型藻类燃料电池效率提高 5 倍

2018 年 2 月，英国剑桥大学的研究团队开发出一种新的藻类燃料电池，利用藻类等微生物的光合特性（进行光合作用时会于细胞内产生电子）来将光转换为电流。研究论文发表在《自然·能源》（Nature Energy）杂志上。

目前，生物光伏电池都是在单一腔室中同时具有采集电子、输送电子到电路中两种功能，当藻类吸收阳光产生电子后，其中一些电子流到细胞壁外后就立即被注入电路中，研究人员设计出新的“双室系统”，在该系统下，转移电子的输电室采用微流控技术，于是电池的内阻更低、电损耗更低了，电池功率密度比现有设备提高 5 倍，达 0.5 瓦/米^2。

此外，电池于白天生产的能量也能保存起来，选择在晚上或阴天时使用，对夜间照明系统可能颇有用途。虽然新的藻类燃料电池仍无法和传统硅晶太阳能燃料电池相比，后者的功率密度是前者 10 倍，但藻类能源投资需求少、不用一次大量生产，就算功率不足以为电网系统提供动力，也能在阳光充足的地区发挥重要作用。

（三）美国科学家研制细菌供电的新型纸基生物电池

2018 年 8 月，美国纽约州立大学的一个研究团队在美国化学会第 256 次年会上公布，他们研制成功一种靠细菌发电的新型纸基生物电池。

研究人员在纸的表面印刷薄层金属和其他材料作为基板，然后把冻干的产电菌群放置在纸上，制成纸基生物电池。使用时，只需将水或者唾液涂抹在纸上，它们在为自己制造能量的同时，产生的电子会穿过细胞膜与外部电极接触，从而为电池供电。由于纸张会透气，研究人员曾担心细菌产生的电子在到达电极前被氧气吸收，从而影响电池性能。但研究显示，氧气对电池性能的影响很小，因为细菌细胞紧密地附着在纸张纤维上，在氧气介入之前，纤维就已经迅速将电子转移到阳极了。

作为生物传感器材料，纸张具有独特的优势，即柔韧性好，表面积大，价格也很低廉。不断创新的结构工程技术，让人们可以控制纸张的纤维直径、平滑度和透明度，为纸在新一代电子产品中的广泛应用奠定了良好基础。而纸基电池因适用性广、生态友好且成本低廉等特性，被普遍看好。研究人员指出，新型纸基电池的成本很低，携带方便，可以很容易地整合到一次性电子设备中，虽然尚未达到投入实际应用水平，电池性能还需大幅提升，但这种提升可以通过多个纸电池堆叠、连接来实现。

目前这种一次性电池的保质期约为4 个月。研究人员正在想办法提高冻干细菌的存活率和性能，从而延长电池的保质期。

三、生物电子信息处理与存储

（一）超导突触使神经形态芯片超越大脑的能量效率

2018 年1 月，美国国家标准与技术研究院（NIST）的科学家制造出了一种超导突触，它由纳米尺度磁性元件制成，能量效率非常高，超过了人类突触的100 倍或以上。研究论文发表在《科学前沿》（Science Advances）上。

据科学家介绍，超导突触的核心部分是一个称为磁性约瑟夫森结的装置。在研究人员设计的超导突触中，磁场是由嵌入在硅中的大约2 万个纳米级锰簇产生的。每个纳米团簇都有自己的磁场，但这些磁场起初都指向随机方向，即总磁场为零。研究人员发现，他们可以使用一个小型外部磁场结合小的皮秒脉冲电流，使越来越多的锰簇排列它们的磁场。其结果是结点处的磁场逐渐增加，装置的临界电流降低，从而更容易引发电压峰值。这个过程类似于大脑的学习过程：神经元向突触发送电压峰值。这个峰值是否足以令下一个神经元自身发出峰值电压取决于突触连接的强度。当更多的电压峰值使突触连接增强时，学习就发生了。在超导突触中，临界电流就像是突触强度。一个磁性约瑟夫森结是否达到临界电流取决于纳米团簇排列的程度，而这是由它们接收到的峰值控制的。事实上，它可以在100吉赫的速率下工作，且每个峰值消耗不到1阿焦（10^{-18}）焦）的能量。人类神经元的工作速率不到其百万分之一，而能量消耗却超过其1000倍。更好的是，基于磁性约瑟夫森结的突触可以很容易地堆积成密集的3D电路。

科学家们已经使用超导突触模拟了一个简单的神经网络。下一步是建立3D电路和更复杂的电路。科学家们还希望消除学习所需的小型外部磁场，因为这可以让电路更复杂。更远大的目标是令学习脉冲的能量可以匹配人造神经元输出脉冲的能量。通过匹配的输入和输出，可以创建一个能自己学习的低功耗系统，就像真正的大脑一样工作。

（二）微软继续研究DNA存储与读取技术

2018年2月，微软公司和美国华盛顿大学合作，开发了新的DNA序列检索与解码技术。他们将35个文件、总共200.2兆字节的数据存储到了1300万对DNA碱基中，并成功在一个拥有1030万条DNA序列的数据库里找到并解码这些数据，中间没有发生数据丢失。研究论文发表在《自然·生物技术》（Nature Biotechnology）杂志上。

科学家们采用的是一种称为“随机存取”的技术，在数据量和解码准确度上都有所提升。DNA上的随机存取技术，通常是引物库配合聚合酶链式反应（PCR）一起使用。加在每个DNA序列两端的引物可以帮助更快确定数据存储的位置，在解码时，研究人员不需要对整条DNA进行测序，PCR通过反复复制想读取的序列帮助加快解码速度。研究人员设计了新的引物库及解码、还原数据的算法，增加了储存、解码数据时的容错能力，最终在取回数据时没有出现数据丢失。

微软和华盛顿大学在 DNA 存储与解码技术领域合作了多个项目，2016 年曾经把《战争与和平》等 100 部经典作品存储到 DNA 内。作为存储介质，DNA 相比硬盘等都要轻便，在干燥低温环境下可以保存很久，但 DNA 合成成本、时间成本都相当高昂。微软存储 100 部经典作品、总共 200 兆字节的数据花费了 15 亿个碱基，成本高达 6000 万美元。

（三）美国开发出“大脑芯片”人造突触

2018 年 4 月，美国麻省理工学院的工程师设计了一种人造突触，能够精确地控制流过它的电流强度，类似于离子在神经元之间流动的方式，并已利用硅锗制成人造突触芯片。该芯片及其突触在模拟研究中可用于识别手写样本，准确率高达 95%。该研究成果发表在《自然·材料》（Nature materials）杂志上，标志着人类向便携式、低功耗神经形态芯片迈出了重要一步。

研究人员利用硅锗制成人造突触组成的神经形态芯片，每个芯片由“输入/隐藏/输出神经元”组成，每个神经元通过基于细丝的人造突触连接到其他“神经元”。每个突触约 25 纳米，且之间离子流的差异仅为 4%，是目前实验室能达到的最一致的装置，也是演示人工神经网络的关键。随后研究人员进行人造神经网络的计算机模拟，识别手写样本，其准确率达到了 95%，而现有软件算法的精度为 97%。

该团队正在模拟基础上制作真正可执行识别手写任务的神经形态芯片，并期望利用其人工突触设计制造更小型、便携式的神经网络设备用于执行复杂计算，最终实现利用指甲盖大小的芯片代替超级计算机。

（四）美国研制能更好模仿突触行为的新型忆阻器

2018 年 12 月，美国密歇根大学的科学家开发了一种新型的电子设备，它可以直接模拟突触的行为。这是首次在不使用复杂电路条件下，实现神经元共享—竞争模式在硬件中的应用。相关研究论文发表在《自然·材料》

(Nature materials)杂志上。

据研究人员介绍，这种新型忆阻器可以更好地控制传导通路。他们利用半导体二硫化钼开发出一种新的二维材料，这种材料是仅数个原子厚度的薄层。为了控制电子传导，将锂离子注入二硫化钼层之间的空隙中。如果孔隙中有足够的锂离子存在，二硫化钼的晶格结构就会发生改变，使电子能够轻易穿过薄层材料。而在锂离子较少的区域，硫化钼会恢复半导体的晶格结构，使电子信号难以通过。在电场影响下，锂离子很容易在薄层材料中重新排列。这就使研究人员可以逐渐改变导电区域的大小，从而控制器件的导电性。除了使设备性能可控，分层结构还使研究人员能够通过“共享锂离子”将多个忆阻器连接在一起，从而创造出一种类似大脑组织中的类脑连接。单个神经元的树突，可能会经由多个突触与其他神经元的信号臂连接起来。

新型忆阻器可以模拟竞争—合作现象。在竞争模式下，锂离子从设备的一侧流失。锂离子较多的一侧电导率增加，导电性增强。为了模拟合作模式，研究人员制作了包含4 个可以交换锂离子的忆阻器网络，锂离子通过虹吸现象在设备间转移。在这种情况下，锂供体不仅可以增加主管的导电性，还能使其他3 个设备也可以有一定的电信号传导能力。目前，研究人员正在构建忆阻器网络，以探索它们在类脑计算方面的潜力。

四、生物量子

2018 年10 月，英国牛津大学的一个研究小组声称用光子实现了细菌的量子纠缠，实验中某些光子会同时结合和逃离绿硫细菌中的光合色素分子——这正是量子纠缠的标志。实验结果仍然很有争议，如果这种解读成立，这将是科学家第一次让生命体实现量子纠缠。论文发表在《物理通讯杂志》（Journal of Physics Communications）上。

该研究主要分析了英国谢菲尔德大学此前进行的一项实验。在这个实验中，研究人员将数百个光合绿硫细菌隔在两面镜子之间，并逐渐缩小镜子之间的距离到几百纳米以下。通过在镜子间反射白光，研究人员希望观察到细菌体内的光合色素分子与空间产生耦合或相互作用，这在本质上意味着细菌能不断吸收光子、发射光子和再吸收反射光子。这项实验是成功的，其中有多达6个的细菌表现出了这样的耦合状态。而剑桥大学的研究人员认为，细菌所表现的不仅仅是与空腔产生耦合。在实验分析中，他们证明实验中产生的能量特征可以被解释为细菌的光合作用系统与腔体中的光产生了纠缠。本质上，实验中某些光子会同时结合和逃离细菌中的光合色素分子，这项研究确实是向“薛定谔的细菌”这个想法迈出的关键一步。同时它暗示了自然界中另一种可能自发产生量子生物学现象的情况：深海环境中给予生命能量的光非常稀缺，这可能使那里的绿硫细菌加快量子力学的演化适应，以促进光合作用。

不过，该研究结论也受到了许多质疑。首要的是，这个实验中证明量子纠缠的证据是间接的，取决于研究者如何解释光从被禁锢在空腔的细菌中通过和流出。另一个争议点是：细菌和光子的能量是集体测量的，而不是独立测量的。尽管伴随着许多争议，但随着生命体的量子叠加态在实验中实现，生物与量子物理将会更深度地交叉与融合，我们对生命的本质将会有更深刻的认识。

（军事科学院军事医学研究院卫生勤务与血液研究所　楼铁柱）

2018 年生物信息与生物计算技术领域发展综述

近年来，信息和计算理论向生物学深度渗透，生物学向“信息生物学”转型趋势加速。2018 年，《美国国立卫生研究院数据科学战略计划》《半导体合成生物学技术路线图》等发布，对推动生物医学大数据和生物计算技术发展具有里程碑意义。作为基础性的使能工具，目前生物信息和生物计算技术整体上还处于发展初级阶段，应用范围还相对狭窄。但从发展趋势看，生物与信息技术的深度融合，在锻造新型感知、新型计算、新型生物学规则、新型生命形态和新型博弈理论方面具有超越想象的提升空间。

一、军事需求

生物信息技术和计算生物学是推进国防科技发展的关键加速器和军事应用的力量倍增器。生物学进入转型的时代，生物学和物质科学、信息科学、工程科学的交叉研究，对国防科技发展及其应用影响深远。从美国已经部署的具有长远影响的国防生物科技创新项目来看，多数具有着眼高端应用和“革命性全新能力”、涉及对象广泛的时间空间跨度、研究内容的复杂度和高整合度等特点，如超越传染病项目、生物节律项目、微观生理系统项目、理解生物复杂性项目、生物计算平台等，而这些超越现阶段技术能力极限、具有巨大科技震撼力的科技项目，通常都内嵌有作为加速器的生物信息和计算生物学技术的系统整合和重点研发。

生物计算技术将突破传统计算范式，引发军用计算机革命。根据美国半导体行业协会（SIA）《半导体研究机遇：一份产业前景和指导》报告，计算和存储期间的设备扩展和能耗已成为现代信息和通信技术的战略性问题。而生物学和信息科学、工程科学的融合，将为信息处理系统的设计和制造提供转型动力。例如，核酸分子的信息存储密度比任何其他已知的存储技术高几个数量级。理论上，1 千克的 DNA 具有 2×10^{18} 兆字节的存储容量，相当于 2035—2040 年世界总储存量需求。生物计算中最有潜力的特征之一是极低的运行能量，接近热力学极限。生物化学反应在较高能源效率下进行信号处理，这比未来的先进半导体纳米技术预计的要好几个数量级。未来超低能耗生物计算系统，能够产生 1000 倍于当今存储技术可提供的最大存储容量，功耗仅为目前计算机的百万分之一。

从更深层次角度看，生物与信息技术的深度融合，将有可能彻底重塑生物学和信息技术的面貌、甚至未来战争的面貌。美国国防高级研究计划局（DARPA）国防科学办公室提出 21 世纪亟待解决的 23 个具有挑战性的数学问题，其中直接与生物信息和生物计算有关的有 6 项，包括“生物学的基本规律”“大脑的数学”“生物量子场理论”“折叠算法与生物学”“病毒演化的信息理论”“基因组空间的几何学”“生物学的对称性和运动（包括鲁棒性、模式性、可进化性和易变性等）规律”。DARPA《保障国家安全的突破性技术》战略投资的 4 个主要领域——对复杂军事系统的再思考、主宰信息爆炸、利用生物技术、扩展技术前沿，与生物信息技术均有一定内在耦合联系。可以想见，生物信息技术和计算生物学将贯穿未来国防生物科技创新的全链条，成为未来潜在颠覆性技术的孕育孵化场地。

二、规划和项目部署

生物信息和计算生物技术已经被纳入国防科技创新议程，并在基础共性技术领域强化军民融合协同部署。军队科技规划方面，美国《陆军研究实验室科技领域规划 2015—2035》提出系统生物学、生物信息技术方向是改进未来战士的体能和机动技能的关键。DARPA 生物技术办公室 2018 年向产业界提出项目建议征询，提出了对基础生物科技领域未来发展极具颠覆性、指导性的若干方向，其中就包括生物信息理论和生物计算：开发和验证新的理论和计算模型，以确定生物有机体（从单个细胞到全球生态系统）的集群行为和交互行为的基本要素与原则。

制定生物医学大数据和计算生物领域发展路线图。2018 年 6 月，美国国立健康研究院发布了其第一个数据科学管理战略——《美国国立卫生研究院数据科学战略计划》，旨在充分利用先进的数据存储和处理技术，推动先进数据管理、分析和可视化工具的开发和使用，确保全部生物医学数据科学活动和相应产品能够符合 FAIR 原则，即数据可检索（F）、可访问（A）、可交互使用（I）和可重复使用（R），提升包括国防生物科技在内的生物医学体系研发效能。10 月，“半导体合成生物学联盟”发布《2018 年半导体合成生物学技术路线图》，提出未来 20 年重点发展的 5 大技术方向包括：DNA 大规模信息存储，高能效、小规模、细胞启发的信息系统，智能传感器系统和细胞—半导体接口，电子生物系统的设计自动化以及半导体制造与整合的生物学途径。

重大项目实施方面，流行病分析建模和相关生物信息平台建设依然是热点领域。作为典型应用领域，因国防和安全需求迫切，其发展较为迅速。2018 年，美国情报高级研究计划局（IARPA）启动“威胁的功能基因组和计算评估”（Fun GCAT）和“寻找工程相关指标”（FELIX）两大研究项目，旨在预防细菌、病毒或生物毒素来源的自发或有意生物威胁。Fun GCAT 将开发新一代生物数据工具，改进 DNA 序列筛选工作，加快生物威胁的表征。而 FELIX 寻求开发新的实验和计算工具，用于识别工程化的人工生物系统。美国国防威胁降减局继续实施“全球生物检测技术计划”（GBTI）和生物监控生态系统模型项目，开发预测性分析手段和系统以实现实时生物风险监测。美国陆军医学研究与物资部与 Wolfram Solutions 等签署科技项目合作协议，开展多种类型基因组数据的真实世界、自动注释的“云”生物信息计算服务。

加快生物存储和计算前瞻探索。IARPA、美国国家科学基金会（NSF）以及半导体研究联盟（SRC）等联合宣布投资 1200 万美元，实施“面向信息处理和存储技术的半导体合成生物学”（Semisyn Bio）研发，开发新型生物存储系统。获得资助的 8 个项目包括：基于 DNA 的电子可读存储器、基于嵌合 DNA 芯片的纳米存储系统、具备纳米孔读数的高度可扩展随机存取 DNA 数据存储、核酸存储器、超大规模遗传回路设计自动化、用于分子通信和存储的氧化还原驱动的生物电子学、用于酵母细胞之间通信的神经网络、用于群体计算的基于心肌细胞的耦合振子网络等。美国国家科学基金会资助的“进化型活体计算”（Evolvable Living Computing）计算领域探索性计划项目，旨在解决四大问题：①哪种计算机模型适用于生物学？它们有哪些限制？它们怎样发挥作用？②哪种通信机制适用于生物学，它的限制是什么，又如何发挥作用？③生物计算机系统在质量、规模和时空上有什么理论和经验？④通过研究生物系统得到的概念和“设计规则”可以在多大程度上进行理论概括？

欧盟“地平线2020”计划启动了一个为期5年的Bio4Comp项目，旨在开发“基于网络的并行生物计算”。技术原理是运用纳米级大小的生物分子，使其通过纳米制造、代表一种数学算法的通道网络，每个生物分子就像一个带有处理器和内存的微型计算机。虽然单个生物分子的运行速度很慢，但它们可以自我组装，大量使用，以快速形成强大的计算能力。

三、主要科技进展

开发涉及生物安全的生物信息注释平台。美国国防承包商巴特尔纪念研究所开发出ThreatSEQ DNA筛查服务网络平台，这是首个基于病原体危险因素研究的数据库。它汇集了10000多个值得关注的基因序列，包括来自75种细菌、96种病毒、12种真核病原体和其他致病因子的850种序列类型，该生物信息平台全面覆盖美国管制生物剂清单和澳大利亚集团管制生物剂清单中的人源病原体。美国陆军研究发展与工程司令部化生中心研发的生物信息数据分析软件MINDS，应用于手持病原体基因组测序仪MinION，现场测试表明可进行未知病原体的离线分析。

生物建模和算法研发。在美国国防威胁降减局资助下，美国陆军传染病医学研究所、美国麻省理工学院林肯实验室等合作，开发一项名为“前症状因子暴露检测”（PRESAGED）的早期预警算法，使用从无创医疗传感器收集到的实时生理数据（如心脏电活动、呼吸频率和温度）来计算个体暴露于病毒或细菌的概率。目前研究人员已经利用已有的非人灵长类数据，开发和测试 PRESAGED 对非人灵长类动物暴露于一种或几种出血热病毒（包括埃博拉、鼠疫）早期预警的有效性，未来将进一步更新算法，并将该算法移植到可穿戴设备中。

新兴数据分析工具与生物信息和计算生物学技术融合。机器学习、深度学习等新兴数据分析工具，与生物信息技术的交叉融合，给生物医学研究带来变革性影响。谷歌旗下 DeepMind 公司研制出的人工智能系统 AlphaFold 在第 13 届蛋白质结构预测技术评估竞赛中以 58% 的准确率获得冠军，可以仅根据基因序列预测生成蛋白质的 3D 形状。DeepMind 涉足蛋白质折叠领域表明，机器学习系统可以整合各种信息来源，辅助提供“蛋白质折叠问题”这一复杂问题的创造性解决方案。美国能源部阿贡国家实验室正在探索如何利用深度学习和即将出现的百亿亿次计算，结合新颖的数据采集和分析技术、模型模拟，解决针对癌症的 3 个关键挑战，以加速在分子、细胞和人口水平上的健康研究。

新型生物计算快速推进。数据随机读取方面，美国华盛顿大学和微软研究院编码并存储了超过 1300 万个 DNA 寡核苷酸中的 35 个不同文件（超过 200 兆字节的数据），设计并验证了一个大型引物库，可以对 DNA 中存储的所有文件进行个体恢复。同时还开发了一种算法，极大地降低了无错误解码所需的测序读取覆盖率，从而证明 DNA 数据随机读取技术可行。DNA 计算方面，芝加哥大学研究人员开发出一种新方法，可使用 DNA 分子计算方法来测量分子信号的变化，展示了置换链反应如何进行复杂计算甚至模仿深度学习网络的能力，也为研究和通过模拟分子计算进行时间模式识别奠定了基础。荷兰研究人员以 DNA 可修饰的超分子聚合物 BTA 作为支架，募集 DNA 反应物使局部反应物浓度大大增加，从而使链置换反应速率增加两个数量级，证明了 BTA－DNA 支架对提高基于 DNA 的计算速度和效率的普遍适用性。值得一提的是，美国加州理工学院在实验室里研制一种完全由 DNA 制成的人工神经网络，能够模仿大脑工作形成自己的“记忆”，其最终目标是对智能行为进行编程处理，例如进行计算和做出选择。细胞计算方面，瑞士苏黎世联邦理工学院新设计的生物计算系统拥有 9 个细胞，每个细胞包含一套化学级联反应来响应 3 种化学输入：类似于传统电路中的 AND（与）、NOT（非）和 OR（或）系统，所有的细胞共同构成一个完全可编程的、能响应多重输入的多细胞回路。

DNA 存储行业备受青睐。许多初创生物科技公司正在加速推进 DNA 存储的开发与商业化应用，其中包括 Twist Bioscience、Evonetix、Helixworks、Iridia 公司等，其背后多有军方相关投资。Twist Bioscience 公司开发的基于半导体合成 DNA 制造工艺，可在单个硅片上全面合成 9600 个基因，在没有退化的情况下，基因能够保存 2 000 年以上，这项技术得到 DAPRA 资助。Evonetix 公司致力于开发能够在硅阵列上并行合成 DNA 的技术，采用半导体微加工技术制造，能够独立控制 1 万个小型化反应点，实现大规模并行性，吞吐量非常高，错误率低于十亿分之一。Helixworks 公司的 MoSS 平台具有极高的成本效益，可以将 DNA 合成成本降至 0. 005 美元/字节；同时，其数据存储密度可以达到 2. 5 拍字节/毫米^2。Iridia 公司通过结合 DNA 聚合物合成技术、电子纳米开关和半导体制造技术，正在开发一种高度并行的格式，以使纳米模块阵列具有以极高密度存储数据的潜力。

四、未来科技发展和军事应用前景

可以预计，随着未来对生物表征分析工具的深度变革和对生物工程化操作工具的深度变革，生物信息和计算生物学技术将得到极大的发展，并在未来国防科技创新中扮演关键角色。预计未来 10 ~ 20 年，生物信息和计算生物学技术中的“信息化”和“计算化”属性进一步物质化转化，深度开发生物的信息载体属性和计算属性，开辟信息战新疆界。生物大分子存储、细胞存储等特定用途的信息保藏、交换和加密等具有广阔舞台。DNA 计算、蛋白质计算等生物分子计算与神经形态计算、量子生物计算等生物启发计算将得到进一步拓展，泛在的生物计算元器件隐蔽于未来的战场和生态环境中，生物智能技术全面融入并未来有望超越现代信息技术。

（中国科学院上海生命科学研究院　王小理）

（上海市生物医药科技产业促进中心　李积宗）

2018年生物安全发展综述

一、生物安全威胁形势

生物武器是人类社会第一个明令禁止的一整类大规模杀伤性武器，从1925年《日内瓦议定书》到1975年生效的《禁止生物武器公约》，国际社会试图从源头上控制生物武器威胁。但是，由于《禁止生物武器公约》缺乏有效核查机制，生物武器威胁的“达摩克利斯之剑”并未完全消除，由于非国家行为体游离于国际法管控体系之外，生物恐怖袭击企图仍时有发生。

（一）新型生物武器阴影隐现

现代生物技术不断取得突破，给未来研发新型生物武器带来可能。2018年10月5日，美国《科学》（Science）杂志刊载了德国马克斯·普朗克进化生物学研究所、弗赖堡大学和法国国家科学研究中心（CNRS）研究人员联合撰写的评论文章，名为“农业研究还是新型生物武器系统?”（Agricultural research，or a new bioweapon system?）。文章指出，美国国防高级研究计划局正在探索通过利用昆虫传播经过基因修饰的病毒来编辑植物的染色体，从而让这些植物更具抵抗性。这项研究可能被视为在开发一种潜在生物武器。该研究称为“昆虫联盟”（Insect Allies）项目，由DARPA于2016年11月开始资助，金额超过2700万美元。2017年7月，承担“昆虫联盟”研究的其中一个联盟表示已经得到DAPRA的合同资助，开发昆虫基因改造病毒扩散系统。该研究的核心是在大规模温室中验证展示昆虫投送HEGAA的全功能方法。

（二）美俄围绕化生武器展开博弈

西方国家长期指责俄罗斯违反《禁止生物武器公约》。2018年8月，美国宣布对俄罗斯实施新制裁，以惩罚俄罗斯企图在英国利用神经毒剂杀害前特工斯克里帕尔父女。美国国务院发言人诺尔特发表声明说，根据1991年的《化学和生物武器控制和战争消除法》，俄罗斯违反国际法，使用化学或生物武器。为应对美国挑衅，俄罗斯国防部10月4日称，有迹象显示，美国在格鲁吉亚运营一个秘密生物武器实验室，并称此举违反国际公约，对俄罗斯构成直接的安全威胁。美国国防部随即对此予以否认。俄罗斯三防部队指挥官伊戈尔·基里洛夫少将在媒体吹风会上说，格鲁吉亚境内的这个生物实验室是俄罗斯和中国边境附近一个美国实验室网络的一部分。俄方指控的主要依据是有关理查德·卢格公共卫生研究中心的资料，该机构由美国资助，位于格鲁吉亚的第比利斯。基里洛夫称，格鲁吉亚前国家安全局长伊戈尔·格奥尔加泽公布的资料显示，该机构完全由美国提供资金，格鲁吉亚的所有权只是一个幌子。

（三）非国家行为体私制生物武器

由于现代生物技术与知识的普及，生物武器研制的“门槛”不断降低，使“DIY生物学家”“车库生物黑客”等成为可能。2018年7月3日，德国北莱茵—威斯特法伦州议会发布报告，一名受极端主义思想影响的突尼斯人企图利用蓖麻毒素在德国第四大城市科隆发动恐怖袭击，这名嫌疑人已于6月落网。德新社以这份报告为消息源报道，嫌疑人现年29岁，企图利用蓖麻毒素制作生物炸弹，德国警方6月12日搜查他在科隆的住处，发现3150颗蓖麻子和84.3毫克蓖麻毒素。北莱茵—威斯特法伦州内政部长赫伯特·罗伊尔说，现有证据表明这是一桩受极端主义思想影响的行凶者制造生化武器的案件。

二、国际生物军控进程

2018年是《禁止生物武器公约》八审会后新一轮会间会的首年，由于面对新的议程设置，各方均高度关注并积极参与。联合国新任秘书长古特雷斯首次发布“裁军议程”战略文件，凸显其将军控裁军问题置于优先地位的战略考量。

（一）《禁止生物武器公约》多边进程

2018年8月6日至17日，2018年度《禁止生物武器公约》专家组会在联合国日内瓦总部如期举行。本次会议在联合国驻瑞士日内瓦总部召开，来自100个缔约国、2个签约国（海地和坦桑尼亚）、1个非缔约国（以色列）和世界卫生组织、世界动物卫生组织、禁止化学武器公约组织、国际红十字会、国际科学技术中心、国际粮农组织、国际刑警组织等国际组织的代表参加了会议，日内瓦论坛、伦敦国王学院、布拉德福大学等26个非政府组织和学术机构列席会议。本次会议是2018—2020年会期间的首次会议，围绕国际合作与援助、科技审议、国家履约、受害国家援助应对与准备、加强公约机制等5项议题进行讨论，讨论议题之广前所未有。同时，各方还组织了19场边会活动，对合成生物学、实验室生物安全、科学家行为准则等问题进行了非官方的专题研讨，充分反映了国际上以《禁止生物武器公约》为核心的生物安全重要动向。与会各方充分表达各自立场，经激烈磋商，最终形成以下5份报告。

一是国际合作与援助。国际合作与援助一直是发达国家与发展中国家在生物军控领域分歧较大的议题。在该议题下主要针对援助与合作数据库、挑战与应对、教育与培训进行重点讨论。发展中国家呼吁公平，要求发达国家履行公约第十条义务，设立《禁止生物武器公约》框架下的国际合作专门机制，取消歧视性生物技术出口控制。而发达国家则关注安全，强调国际合作援助应确保遵约为前提，不能损害公约宗旨。

二是科技审议。科技审议是目前生物军控磋商与谈判过程中呼声最高、分歧最少的议题。生物技术发展在极大促进了人类社会发展的同时，其潜在谬用风险已引起国际社会广泛重视。各国普遍关注生物技术发展带来的潜在风险，要求加强对生物科技发展的审议。会议主要针对科学家行为准则、风险评估、基因编辑进行重点讨论。会议期间，美国提交“合成生物学时代的生物防御”工作文件，英国提交“英国生物安全战略”工作文件。

三是国家履约。在该议题下主要针对出口管制、同行评议、建立信任措施进行重点讨论。西方国家继续推行“同行评议”机制，法国重点介绍了在“同行评议”中的做法及经验教训。各国就如何优化建立信任措施陈述了观点：美方建议增加宣布内容，包括民间生物防御项目、基因修饰生物体相关的立法、动物疫苗生产设施；俄罗斯建议增加宣布海外实验室情况；伊朗强调建立信任措施机制应遵循自愿原则。

四是援助应对与准备。在该议题下主要针对面临的挑战、生物医学机动单位（Biomedical Mobile Unit）、援助数据库进行重点讨论。美国等西方国家强调秘书长调查机制的重要性，认为秘书长调查机制在指称使用生物武器的调查中是最佳选择，但事实上，联合国秘书处并没有现场调查人员和配有专业设备的认证实验室，无法保证临时性抽组的现场小组具有足够团队协作能力和技术兼容性。俄罗斯继续推行组建“生物医学机动单位”，履行调查、援助与保护、传染病预防国际合作 3 项职能，俄罗斯提出“生物医学机动单位”可纳入公约第七条数据库，得到了美国、英国、瑞士、瑞典等国家的支持。此外，美、英等西方国家刻意模糊自然疫情暴发和指称使用生物武器致疫情暴发的区别，意图借人道主义援助的名义实施其在全球的国家战略部署。

五是加强公约机制建设。该议题主要对通过法律措施加强公约机制进行了重点讨论。发达国家拒绝有法律约束力的核查，坚持通过同行评议、秘书长调查机制或建立信任措施等加强公约机制。美国明确提出继续核查谈判没有可行性，并提交了“加强公约机制”的工作文件，首次详细阐述了美国拒绝公约核查议定书谈判的原因，认为核查和传统意义上的武器控制在 21 世纪已不适用，通过核查发现明显违约行为存在困难，主要体现在以下几个方面：①由于生物技术的两用性特点，很难区别生物武器设施与普通生物设施，很难通过核查发现其非法活动痕迹；②武装冲突性质发生了变化，大规模生产和储存武器化生物材料不再是必要的；③非国家行为体已经成为国际安全的严重威胁；④缺乏明确证据的核查可能会影响正常的活动，暴露国家商业机密。

（二）联合国发布最新裁军文件

2018 年 5 月 24 日，联合国秘书长安东尼奥·古特雷斯（Antonio Guterres）通过联合国裁军事务办公室新发布了一个名为“保护我们共同的未来——裁军议程”的文件。内容共分五部分，其中关于生物武器裁军的内容主要在第二部分中。主要内容包括：

一是建立常设协调能力，对指称生物武器开展调查。蓄意使用疾病作为武器违背人类道德规范，没有国家公开承认拥有生物武器，但是随着科学技术的发展，非国家行为体获取和研发生物武器的门槛越来越低。《禁止生物武器公约》尽管对这些问题有一个初步的国际框架。但是整体较弱，国家履约参差不齐，并且公约没有针对应对生物武器袭击的能力和核查遵约的条款。2013 年，联合国秘书长尝试针对叙利亚指称使用化学武器使用独立调查权限。联合国秘书长和裁军事务高级代表将与缔约国一道，按照第 42/37C 号决议，建立常设协调能力，首先形成一个临时性的常设机制，对指称使用生物武器开展独立调查，此后寻求联合国大会通过形成长期的决议。联合国裁军事务办公室将与所有相关的国家合作，制定应对生物武器的国际协调机制。

二是提高调查小组快速部署能力。使用生物武器和化学武器的情况有很大不同，《禁止生物武器公约》没有明确组织机构或检查团。只有秘书长有权对可信的指称开展调查。吸取 2013 年叙利亚化学武器调查的经验教训，裁军事务办公室将通过加强专家培训和可行的计划能力提高调查小组快速部署能力，重点是针对指称使用生物武器的调查。

三是加强公约有效性。随着科学技术的发展，降低了生物武器购买、获取和使用的门槛，增加了生物武器使用的风险。因此，需要加强《禁止生物武器公约》的有效性。确保公约履约，加强与全球卫生安全领域的联系，关注两用性研究进展等。科技发展将对生物军控产生重要影响。从防扩散的角度看，新技术使得武器的获取和使用更容易，如合成生物学、基因编辑技术和 3D 打印技术等。

（三）国际合作交流活动频繁

一是美、印举行第三次生物安全战略对话。2017 年 11 月，约翰·霍普金斯卫生安全中心主办的第三届美印生物安全战略对话会在美国举行。此次生物安全对话会的目的是进一步讨论美印各自的生物安全威胁态势，交流从过去危机中吸取的教训，比较制定国家生物安全政策的方法，并确定可采取的下一步行动，促进两国在共同关心的关键生物安全问题上的双边合作。会议由5个分会组成，讨论的议题包括西半球和南亚地缘政治背景的变化；美印不断发展的生物安全威胁；生物安全方面的科学挑战，包括合成生物学的进展和病原体管理的未来发展；协调科技、监控和公共卫生工作的对策。

二是印度正式加入澳大利亚集团。2018年1月19日，印度外交部对外宣布，印度已经完成所有相关手续，于当日正式加入澳大利亚集团（Australia Group）。澳大利亚集团同日表示，已经通过协商一致程序批准印度成为该集团的第43个成员国。印度表示，印度的加入是互利之举，有利于促进国际安全和不扩散进程。

三是中美联合举办生物安全研讨会。2018年6月28日，天津大学与美国约翰霍普金斯大学在天津联合举办第二次生物安全研讨会，主题在于未来双方的全面合作。应天津大学生物安全战略中心邀请，约翰霍普金斯大学卫生安全中心副主任兼首席运行官等一行三人与会。天津大学化工学院、法学院和生物安全战略中心人员参加了会议。天津大学生物安全战略中心围绕“蓝细菌的合成生物学”为主题做会议报告，对以蓝细菌为基础的研究工作，如如何生产高附加值化学品、如何优化底盘坚固性等做了介绍。化工学院教师对天津大学近年卓有成效的合成酵母染色体研究进行了介绍。双方一致认为，合理利用合成生物学将造福人类。最后洽谈讨论阶段分别就开展合作研究、共同申请研究项目、互派访问学者及交换生等进行了深入探讨。

三、生物安全战略制定

2018 年，英美等国密集出台国家层面生物安全战略或重要生物安全文件，统筹谋划各自国家生物安全战略部署，抢抓生物安全战略优势，谋求生物安全战略主动。

（一）美国出台多个战略与政策

2017 年 12 月 18 日，美国总统特朗普发布了他上任后的首份《国家安全战略》（National Security Strategy），全面阐述了其关于国家安全的政策立场。《国家安全战略》将“抵御大规模杀伤性武器”和“对抗生物武器与流行病”作为国家安全重要支柱的前两项内容，提出要从检测、防扩散、支持生物医药创新、提高应急响应速度等方面采取积极措施，切断威胁之源，确保美国人民的安全。

2018 年 9 月 18 日，美国政府正式推出《国家生物防御战略》，同日特朗普总统签署《国家安全总统备忘录》。该《战略》在政策导向上与 2018 年《美国国家安全战略》保持高度一致，由国防部、卫生和公众服务部、国土安全部、农业部共同起草，设定了五大目标：一是增强生物防御的信息辅助决策能力，包括收集和评估生物安全情报、监测预警、风险评估等信息；二是提高生物威胁防范能力，包括自然发生传染病防控、全球卫生防疫、生物武器及相关材料与递送工具防范、生物安全相关项目监督等；三是确保做好应急准备，包括生物防御科技创新、医疗措施强化、生物事件预防、生物事件事后恢复、及时公共沟通与安抚、生物事件污染消除、境内和国际合作等；四是提升快速反应能力，包括共享信息、协调各级政府机构的反应行动、调查与追责、及时准确通告；五是提高快速恢复能力，包括关键设施恢复、尽快摆脱生物事件危害效应、减轻生物事件长期影响、减小生物事件国际连锁反应等。

2018 年 6 月 23 日，美国国家科学院发布了《合成生物学时代的生物防御》报告。该报告对合成生物学时代的生物防御威胁进行深入评判，提出战略性指导框架，应用该框架评估合成生物学的潜在风险，并为生命科学和生物技术发展的安全风险评估奠定基础。此外，报告认为，合成生物学时代的生物技术拓展了美国国防部需要关注的生防领域，美国国防部在继续推进现行化生防御战略的基础之上，还需要具备更广泛的合成生物学能力。

2017 年 12 月 19 日，美国国立卫生研究院（NIH）院长弗朗西斯·柯林斯（Francis S. Collins）宣布，解除于 2014 年 10 月暂停的资助流感、SARS 和 MERS 病毒的功能获得性（GOF）研究的决定。柯林斯当天发布了《卫生与公共服务部潜在大流行病原体功能增强研究资助指导框架》（HHS P^3CO）。该框架确定了资助机构和部级评审小组对研究资助的多学科审查过程，评估科学研究价值和潜在益处，以及创造、转移或者使用潜在大流行强化病原体的风险。这一指导框架将加强联邦政府对潜在大流行病原体研究资助的监管。该指导框架是公共和私营部门广泛协商的产物，并与《潜在大流行病原体操作与监督部级审查机制政策指南建议》（P^3CO）相一致。

（二）英国发布国家生物安全战略

英国政府于 7 月 30 日发布了《英国生物安全战略》。该战略首次将英国政府各部门的生物安全相关工作进行协调整合，以保护英国及其利益免受重大生物风险破坏。该战略指出，英国应对生物安全基于两项基本原则：①采取全风险应对方法；②开展海外行动以减少生物风险源头。基于上述原则，英国的生物安全应对举措将建立在了解感知、预防、检测和响应四大支柱之上。下一步的工作重点包括：①进一步加强政府各部门和政府科学能力的共识，了解任何与生物风险相关的科技挑战和差距；②探讨如何更好地整合生物科技专业能力，将投资4亿英镑建设一个公共卫生科学中心；③发展面向未来的基础科学，确保政府的科学资助力度；④与企业界和学术界进行更紧密的合作，实时地预测、检测和了解英国当前的关键动植物健康问题以及新发威胁。此外，《战略》建议成立一个新的跨部门生物安全治理委员会，负责监管政策落实。

（三）加拿大推出公共卫生应急预案

2018年1月4日，加拿大公共卫生署对外公布，该国相关部门已于2017年10月审核并通过了《联邦、省和地区生物事件公共卫生应急预案》。《预案》包含正文和附录两部分。正文由行动方针和组织指挥体系两部分构成。行动方针统领整个应急预案，囊括了从事件通报、计划启动到最终的阶梯应对策略等一系列具体步骤和措施。仿照公共卫生网络委员会的日常管理架构，该预案组织指挥体系由一个特别咨询委员会和负责技术、后勤、联络通信的3个主要业务部门组成。运行模式突出简化响应流程、明确职权责任，促进高水平的态势感知，集中风险管理和任务分派等。业务部门则由工作组或委员会具体指导。整个指挥体系通过特别咨询委员会向联邦、省和地区卫生副部长会议（CDMH）负责。此外，该预案还谈到了医疗卫生部门的参与，描述了指挥体系的运行模式以及联邦与省和地区指挥中心如何进行交流和互动。附录部分包括制定该预案的指导原则，联邦、省和地区中各关键部门和个人职责以及指挥体系中各部门的权限界定。

（军事科学院军事医学研究院卫生勤务与血液研究所　刘术）

2018 年战伤救治进展与趋势

一、基本情况

现代战争中，随着高新技术的广泛应用，信息化战场呈现出杀伤强度大、作用时间长、伤亡机理复杂、新伤类伤型增多、战创伤救治难度大等新特点。近年美军提出了“多域战”的概念，强调各军种作战力量之间的融合、协调和应用。各军事强国均着眼新军事变革需求，高度重视把高技术条件下的战创伤救治作为重要战略性课题加强研究。本文综合了外军战伤救治的最新进展，简要介绍了外军卫勤理论更新、创伤性脑损伤防治、止血、疼痛治疗等方面的重要动态和趋势。

二、重要进展

（一）美军发布新版卫勤保障条令

美军参谋长联席会议于 2017 年 11 月发布了新版 JP4－02 联合出版物

《联合卫勤》（Joint Health Services），该条令是美军最高级别的卫勤保障指导性文件。新版《联合卫勤》条令适用于指导美军各种军事行动的卫勤保障活动，是对上一版条令（2012 年 7 月版）的全面更新与升级。此类条令一般每 5 年左右更新一次，此前分别于 2012 年、2006 年、2001 年更新。与 2012 年版《联合作战卫勤保障》条令比较，新版《联合卫勤》条令的变化和特点包括：强调联合卫勤保障能力；重视战术战伤救治能力；更新卫勤规划模拟工具；新增生物监测和听力防护内容。

（二）美军发布新版战术战伤救治指南

美军于 2018 年 8 月公布了新版战术战伤救治指南（Tactical Combat Casualty Care，TCCC）。新版战术战伤救治指南是美军战术战伤救治委员会（CoTCCC）根据海外实战经验及循证医学证据，对 2018 年 1 月版本再度进行了更新，其主要目的是在战术环境中为伤员提供高质量的救治。战术战伤救治指南主要由战术战伤救治委员会根据战场实际需要进行更新，最初每 3 ~ 4 年更新一次，与院前创伤救治教材的出版相一致。近两年，指南的更新频率加快，2017 年 8 月、2018 年 1 月和 8 月先后进行了 3 次更新。此次战术战伤救治指南主要更新了关于在战场环境下伤员气道救治、疑似张力性气胸的处理以及严重休克伤员救治的建议。指南更新的建议都来自一线战伤救治的实际情况，根据新的伤情、致伤机制而提出，所以更新的战术战伤救治指南符合新的战场环境变化，对提高救治效果发挥了重大作用。

（三）美军评估战场“黄金一小时”策略实施效果

历次战争的战伤数据表明，多数战伤死亡发生在院前阶段，因此降低阵亡率的主要措施是减少战场的可预防性死亡。2018 年 1 月，美国陆军外科研究所和美军医科大学研究人员联合撰写的文章，评估了美军在阿富汗战场实施“黄金一小时”策略的实施效果，发现该策略的实施可显著降低战场伤员死亡率。对美军阿富汗战场4542名伤员的分析结果表明，该策略的实施大大降低了伤员死亡率。在实施之前总体的伤员死亡率是13.7%，在策略实施之后死亡率降低到7.6%。阵亡率也由16%下降到9.9%。伤死率在策略实施前后没有什么变化，之前是4.1%，之后是4.3%。也有争议认为阵亡率的下降除了“黄金一小时”策略的影响，还有其他影响因素，研究结果发现：重伤员阵亡概率与后送时间相关；需要并接受输血的伤员阵亡概率下降；救治力量靠前部署可降低阵亡概率；创伤部位和类型与死亡概率相关。

（四）美军创伤性脑损伤防治取得进展

2017年11月，美国退伍军人事务部与南加州大学创新技术研究所合作，研发了名为“艾莉”（Ellie）的创伤后应激障碍（PTSD）筛查和诊断工具，其能够实时监控士兵罹患创伤后应激障碍的触发因素及治疗进展。根据美国国防部的规定，士兵从阿富汗、伊拉克等战场返回本土时，必须接受部署后健康评估（PDHA）。该评估涉及25项内容。由于部署后健康评估的所有信息都将记录在案，可能会影响申报人员今后参加部署或退出现役寻找其他工作的机会，士兵对此常常会感到巨大的压力。因此，申报过程中有时可能出现瞒报、漏报的情况，从而影响创伤后应激障碍的早期发现、诊断和治疗。“艾莉”是一个虚拟的人机交互界面，可以为士兵提供匿名、不记录在案的访谈。“艾莉”通过跟踪受访者面部的66个点来读取表情，并记录其语音模式。通过实时分析这些数据，可以对患者做出积极肯定的回应，比如点头等。由于整个访谈处于舒适的、无压力的倾述环境中，美军士兵更愿意详细和完整地描述其创伤后应激障碍症状。发表在《前沿》（Frontiers）杂志上的一篇文章表明，通过与患者建立融洽的关系并保持采访的匿名性，“艾莉”在让美军士兵披露创伤后应激障碍症状方面要胜过部署后健康评估。

（五）英军研发减少战场截肢的技术

美国《陆军技术》（Army Technology）网站2018年5月9日报道，英国国防部资助斯特拉斯克莱德大学生物医学工程系的科学家，研发了可以减少战场截肢的生物医学工程技术。这种新技术可以显著降低战场受伤后截肢的风险，尽可能多地保存身体组织。新技术分为三步：第一步要在肢体发生损伤时阻止大出血；第二步要在运输过程中保护肢体组织；第三步需要在医院条件下支持肢体组织。为此，研究人员先是发明了一种新型的气压交替止血带，由两个可调节的气囊组成，可交替地对肢体上的两个点施加压力。研究人员又开发了一套系统，可以把肢体放进冷却的袋子里，用瓶装的气体冷却，降低肢体温度和代谢需求，并提高组织恢复的潜力。这样就可以实施第三步，把从身体分离的肢体绑上止血带，进行体外膜肺氧合（ECMO）外科手术。它包括一个人工肺和一个具有人工心脏功能的泵，能够在一段时间内灌注肢体，输送营养，保留组织，让外科医生考虑修复肢体，而不是简单的截肢。研究人员还研究了血液回收系统，当伤口出血时，可以从伤口处取出血液，通过过滤及后续处理，把血液输回给伤者。研究人员相信未来血液回收系统与治疗受伤肢体的三步技术能够一起使用。

这项研究的资金全部来自英国国防部，主要应用于军事部署环境。但这些技术也存在巨大的民用前景，未来有望应用于恐怖袭击、自然灾害、意外事故等造成的各类创伤治疗。

（六）俄罗斯研发快速止血磁控纳米颗粒

《科学报告》（Scientific Reports）杂志2018年第1期发表文章，介绍了俄罗斯快速止血磁控纳米颗粒的研究，该研究成果在战伤救治领域具有重大应用价值。俄罗斯圣彼得堡信息技术与机械和光学大学的研究团队研发出磁控止血纳米颗粒，该颗粒可在磁场的控制下将止血药物送至内出血血管损伤处，从而发挥定点止血作用。该颗粒含有两种关键成分：人类凝血酶和溶胶衍生的磁铁基特种材料。凝血酶可与溶解于血浆中的纤维蛋白原发生作用，形成血块以堵塞血管损伤处；磁铁基特种材料用于包覆凝血酶，将其研磨至200纳米以下，然后进行胶化，从而产生纳米颗粒，在外部磁场的作用下实现在人体内的定向移动。制备的纳米颗粒已在体外实验中显示了前体活性并能够引起血浆凝固，将凝血时间缩短到现有技术的1/6，相应将失血量减少到1/15。人体血浆实验表明，载有凝血酶的磁性纳米颗粒具有极低的活性，不会引发血管内血液大面积凝固。在人类体外细胞中测试了该纳米颗粒的生物相容性，并没有发现毒性作用。研究人员将尽快开展动物实验及临床试验，最终目的是研发可用于人体内出血快速止血的磁控纳米药剂，有效降低战场伤员的出血危险。

（七）美军授权采购法国生产的冻干血浆

据美国《战伤救治》杂志报道，2018年7月10日，美国食品药品监督管理局（FDA）批准国防部紧急使用法国生产的一种冻干血浆。此前，美军特种作战司令部在2012年首次在战场使用了冻干血浆。目前冻干血浆由美国陆军医疗物资发展局管理，通过FDA，制定了新的扩大授权使用治疗协议。冻干血浆产品主要用于特种作战部队严重出血伤员的复苏，使伤员能存活并后送到更高级救治阶梯。继美国陆军特种作战司令部后，2016年和2017年，海军陆战队特种作战司令部、空军特种作战司令部和海军特种作战司令部也陆续开始使用。冻干血浆可在室温保存，仅需要几分钟就可快速稀释进行输注，适于战场院前环境中使用。按照战术战伤救治指南的要求，美军联合特种作战训练中心和特种作战部队医学训练中心均将使用冻干血浆、成分血和新鲜全血纳入培训内容。近期美国FDA授权紧急使用法国冻干血浆不仅限于特种作战司令部，已扩大至国防部范围内。FDA授权使用法国的冻干血浆产品，而采购国外生产的产品也将面临很多问题。对冻干产品的管理很快将转至武装力量血液计划办公室。

（八）美军战场院前疼痛治疗的趋势

美军战场疼痛治疗的策略伴随《战术战伤救治指南》不断更新。1996 年指南规定停止使用肌注吗啡，仅推荐使用静脉注射。2006 年，指南推荐使用芬太尼透黏膜口含剂（芬太尼棒棒糖），2012 年推荐所有途径的氯胺酮。根据美国《院前急救》杂志 2018 年报道，美国陆军外科研究所人员撰写文章，分析了美国国防部 2007—2016 年创伤数据库的数据，检索了接受肌注吗啡、静脉注射吗啡、口服芬太尼含剂或使用氯胺酮的 28222 名人员数据，其中院前接受疼痛治疗的有 8979 人。通过对院前接受疼痛治疗人员进行分析，2.1%（594 人）接受了肌注吗啡治疗，13.3%（3765 人）接受了静脉注射吗啡治疗，2.1%（589 人）接受了口服芬太尼含剂治疗，5.4%（1510 人）使用了氯胺酮止痛。2012 年开始，口服芬太尼和氯胺酮使用率开始上升。特别是，在 2007—2012 年《战术战伤救治指南》推荐使用之前，氯胺酮的使用率为 3.9%，2013—2016 年《指南》推荐使用之后，上升到 19.8%。另有一项回顾性研究表明，止痛措施主要在医疗后送途中给予，而不是在受伤地点。在 2012 年将氯胺酮列入指南之前，静脉注射吗啡是最常用的止痛方式。2012 年之后，静脉注射吗啡使用率稳定下降，氯胺酮成为最常用的止痛药。《指南》推荐通过静脉或骨髓腔途径给予吗啡。研究表明，《战术战伤救治指南》的止痛策略对战场院前止痛的趋势有很大影响。

（军事科学院军事医学研究院卫生勤务与血液研究所

李丽娟　王静雪　张音　刘伟）

2018 年新发传染病疫情综述

2018 年全球新发传染病疫情形势不容乐观。刚果（金）暴发两次埃博拉疫情，中东地区持续报告中东呼吸综合征病例，印度发生寨卡病毒病疫情和尼帕病毒感染事件，欧洲和美洲地区暴发西尼罗河热，巴西暴发黄热病，非洲地区发生霍乱、拉沙热、裂谷热、猴痘和李斯特菌病等疫情。全球范围内，登革热疫情持续，多国报告脊髓灰质炎病例。本文对 2018 年主要疫情进行回顾总结，并对其发展趋势进行研判。

一、埃博拉病毒病疫情形势严峻

（一）疫情概况

2018 年，刚果（金）发生两次暴发。第一次发生在西北部的赤道省，为该国自 1976 年首次发现以来的第九次暴发。4 月 5 日至 7 月 24 日，报告病例 54 例，病死率为 61%，为埃博拉—扎伊尔型。首次使用由默克公司提供的试验性疫苗 rVSV – ZEBOV。接种对象为参与疫情应对的医务人员和其他响应人员，埃博拉病例的接触者以及接触者的接触者。

疫情结束后不久，刚果（金）的北基伍省和伊图利省发生新的疫情，与前一次没有流行病学关联，为该国第十次暴发。截至 2018 年 12 月 26 日，报告病例 591 例，病死率为 60%，为埃博拉—扎伊尔型，疫情仍持续。54 名医务人员感染，14 人死亡。疫情中心从最初的农村地区转移至城市，儿童和女性感染比例较高。同时 Beni 地区暴发疟疾，埃博拉治疗中心筛查的病例中近 50% 为疟疾病例。首次使用试验性药物 mAb114、Remdesivir、ZMapp 和 Regn3450－3471－3479 等治疗患者。

由于疫区与乌干达、卢旺达和南苏丹等国家接壤，乌干达于 2018 年 11 月 7 日在高风险区为医务人员和前线工作人员接种疫苗，卢旺达和南苏丹正在为疫苗接种做准备。在疫区，反政府武装发动多次袭击造成安全局势恶化。防控面临的持续挑战体现在：社区抵制或不愿意，谣言、缺乏信息和失去信任；部分密切接触者无法跟踪；埃博拉病例发现和诊断存在延迟；卫生中心的感染控制较差；病例离开卫生中心并拒绝转移到埃博拉治疗中心等。

（二）疫情特点

刚果（金）发生的第十次埃博拉疫情规模为该国历史上最大，埃博拉疫情历史上第二大。女性和儿童病例占总病例数的比例较高，与以往不同。今年的疫情首次使用了试验性疫苗和药物。

第十次疫情中，除了上述防控面临的持续挑战，疫区的安全形势持续恶化，阻碍响应措施的实施。长期人道主义危机导致大量人口流离失所，难民不断涌向邻国。另外，该国正在暴发其他流行病，如霍乱、疟疾、麻疹、猴痘和疫苗衍生型脊髓灰质炎等。

疫情形势复杂，邻近的省份和国家加强了监测和应对。乌干达成为全球首个没有发生疫情而开展疫苗接种的国家。

（三）研究进展

1. 疫苗

《柳叶刀·传染病》（《The Lancet Infectious Diseases》）2018 年4 月4 日发表文章，rVSV－ZEBOV 的 I 期试验中，非洲和欧洲志愿者在首次接种后产生抗体应答的时间能持续两年。接受单剂的低剂量和高剂量疫苗的志愿者表现出相似的抗体反应。对难以实现加强免疫的偏远地区，提供单剂量保护可能是关键。

今年刚果（金）埃博拉疫情中使用的 rVSV－ZBOV，属于美国食品和药品管理局（FDA）突破性疗法认证药物。目前，默克公司已开始向 FDA 提交生物制剂许可证申请，且 FDA 同意接受申请。

2018 年美国热带医学与卫生年会上，英国研究人员表示，rVSV－EBOV、ChAd3/AdHu26 和多价 MVA BN－Filo 埃博拉疫苗的免疫应答作用至少持续 2.5 年。ChAd3 由美国国立卫生研究院（NIH）和葛兰素史克公司开发，AdHu26 由杨森开发，为强生候选疫苗的一部分。MVA BN－Filo 由北欧巴伐利亚公司开发，含有埃博拉扎伊尔株、苏丹株以及马尔堡病毒的糖蛋白。

2. 药物

《公共科学图书馆·医学》（《PLoS Medicine》）2018 年 3 月27 日发表文章，在非人灵长类动物实验中，大剂量的抗病毒药物法匹拉韦（Favipiravir）能抵御埃博拉病毒感染，以药物浓度依赖的方式抑制病毒复制。

《Immunity》2018 年 7 月 17 日发表文章，研究人员在埃博拉幸存者的血液中发现了一组具有广泛中和能力的人类单克隆抗体（mAbs），能使人类免受扎伊尔、苏丹和本迪布焦型埃博拉病毒的侵袭。从幸存者身上分离并鉴定出一种单克隆抗体 EBOV－520，能有效中和病毒，并在相关的感染动物模型中显示了保护能力。

刚果（金）在第十次疫情应对中开展了一项随机对照试验，评估药物的有效性和安全性，这是首次针对埃博拉治疗的多药物试验。截至2018年11月下旬，已有160多名患者在世卫组织制定的伦理框架下接受了研究性治疗。

3. 其他

《传染病学杂志》（《The Journal of Infectious Diseases》）2018年4月6日发表文章，研究人员对2014—2016年西非埃博拉疫情期间的家庭传播风险因素进行了前瞻性评估。发现增加传播的独立危险因素包括：为指示病例提供护理、作为该病例的一级亲属、指示病例在家中死亡以及病例出现埃博拉症状但无发热报告。

《柳叶刀·传染病》2018年7月23日发表研究，2014年疫情的一名女性幸存者，病毒在体内持续或复发，一年后将病毒传给三名家庭成员。说明在主动传播中断之后疫情暴发的风险。

《传染病学杂志》2017年12月14日发表文章，对1976年首次报告埃博拉疫情的14名幸存者采集血液样本分析。结果显示，40年后所有幸存者仍然携带可检测到的埃博拉抗体，其中4名幸存者的抗体能够中和活病毒。该研究将已知的反应时间从感染后11年延长到感染后至少40年。

美国神经科学协会年会报告的研究表明，利比里亚埃博拉患者大脑各处显示白质信号异常，存在不同程度脑萎缩，眼科检查异常。经历急性感染后3年多，幸存者的脑部成像出现异常，视觉和运动问题也持续存在。

（四）发展态势

刚果（金）第十次埃博拉疫情形势严峻，引起全球广泛关注。在世卫组织和合作伙伴的支持下，该国卫生部一直努力强化响应措施。虽然使用了试验性疫苗和药物，但当地的安全局势和防控面临的持续挑战，阻碍了应对措施的执行。疫情形势复杂，含有许多不可控因素，预计还将持续数月。

二、中东呼吸综合症疫情平稳

（一）疫情概况

2012 年至 2018 年 11 月 30 日，全球 27 个国家和地区报告中东呼吸综合征病例 2274 例，病死率为 35.4%。主要发生于中东地区，83% 来自沙特阿拉伯。中东国家特别是沙特，持续有病例发生，并有经家庭密切接触和医院感染病例。通过经贸、旅游、朝觐、劳务输入等各种往来人员输出病例。2018 年 1 月，马来西亚报告 1 例沙特输入病例。8 月，英国报告 1 例沙特输入病例，为该国诊断的第五例，前四例诊断于 2012—2013 年。9 月，韩国报告 1 例科威特输入病例。

（二）疫情特点

2018 年全球中东呼吸综合症疫情相对平稳。中东国家特别是沙特阿拉伯，持续报告聚集性发病和散发病例。总体疫情未超过往年同期水平。

（三）研究进展

《柳叶刀 · 传染病》2018 年 1 月 9 日发表文章，美国制药公司 SAB Biotherapeutics 研发的抗中东呼吸综合征治疗候选药物 SAB－301 在 I 期临床试验中显示良好安全性。治疗组和安慰剂组中常见的不良反应包括轻微头痛和感冒症状。

《科学 · 进展》（《Science Advances》）2018 年 8 月发表文章，通过直接克隆和表达感染病毒的单峰骆驼骨髓中重链抗体的可变重链，确定了几种病毒特异性的重链抗体或纳米抗体。在体外，抗体在皮摩尔浓度下能有效阻止病毒进入。骆驼/人嵌合重链抗体在血清中有较长的半衰期，可以保护小鼠免受病毒攻击。

（四）发展态势

中东呼吸综合征冠状病毒会导致严重的感染，死亡率高，并且已经证实了人间传播的能力。目前为止，观察到的人间传播主要发生在医疗环境中。中东地区将持续报告新增感染病例，并且会输入到其他国家，这些病例可能在暴露于动物或动物产品（如与单峰骆驼接触）或人类环境（如医疗环境）后感染。

三、登革热疫情广泛持续

（一）疫情概况

2018 年年中开始，东南亚和南亚多国进入登革热流行季节，部分东南亚和南亚国家报告登革热情况见表 1。美洲地区截至 2018 年 11 月 3 日，报告病例 446150 例，大多数来自巴西、墨西哥、尼加拉瓜和哥伦比亚。确诊 171123 例，死亡 240 例。法属留尼汪年初病例数急剧增加，截至 2018 年 11 月 11 日，报告病例 6670 例，超过自 2010 年每年报告的病例数。

表 1　部分东南亚和南亚国家报告登革热情况

国家	统计起止时间	病例数	死亡数	同期比较
菲律宾	2018. 1. 1—2018. 9. 8	106386	—	与 2017 年同期相当
马来西亚	2018. 1. 1—2018. 11. 27	68603	117	较 2017 年同期低
越南	2018. 1. 1—2018. 11. 24	113850	16	—
斯里兰卡	2018. 1. 1—2018. 11. 19	43149	—	较 2017 年同期下降 74. 8%
泰国	2018. 1. 1—2018. 11. 19	47915	—	比 2017 年同期上升 50%
印度	2018. 1. 1—2018. 9. 30	40868	—	比 2017 年同期低
柬埔寨	2018. 1. 1—2018. 11. 24	8844	—	—
老挝	2018. 1. 1—2018. 11. 24	5914	—	—
孟加拉国	2018. 1. 1—2018. 11. 18	9435	—	比 2017 年增加 9 倍
新加坡	2018. 1. 1—2018. 11. 24	2665	—	与 2017 年同期相当

（二）疫情特点

登革热在热带大部分地区流行，主要集中在东南亚、南亚和美洲地区。东南亚和南亚国家中，泰国和孟加拉国较去年同期病例数增多，印度、越南和斯里兰卡较去年同期减少，菲律宾和新加坡与去年同期相当。巴西报告的病例占美洲地区近一半。法属留尼汪病例数激增的情况是往年没有的。

（三）研究进展

《科学》（《Science》）2017 年 11 月 2 日发表文章，使用多种统计方法对尼加拉瓜的一个长期儿童队列进行研究。结果显示，在已有的抗登革热病毒抗体滴度的较小范围内，发生严重登革热疾病的风险最高，高抗体滴度能保护所有症状的登革热。必须将严重登革热的免疫相关性与有症状疾病的保护相关性分开评估。

由赛诺菲巴斯德公司开发的 Dengvaxia，是全球第一种获得许可的登革热疫苗，针对所有 4 种血清型。目前在 20 个国家获得许可，10 个国家可用。尽管疫苗遭受较大争议和担忧，2018 年 10 月，美国食品和药物管理局已同意考虑赛诺菲巴斯德公司对 Dengvaxia 的申请。

2018 年 12 月中旬，默克公司宣布，与巴西布坦坦研究所合作开发一种新的四价登革热疫苗。布坦坦研究所的登革热候选疫苗 TV003 目前处于三期研究测试阶段。

《科学》发表文章，研究团队开发的基于 Cas13 的 SHERLOCK 平台可以在浓度低至 1 copy/微升的患者样本中检测登革热病毒和寨卡病毒。与平台匹配的 HUDSON 流程，能在 2 小时内直接从患者样本中检测登革热病毒。SHERLOCK 可以从 2015—2016 年的大流行中区分出 4 种登革热血清型以及区域特异性的寨卡毒株。

（四）发展态势

全球范围内，将持续报告登革热的本地散发病例和本地暴发。如果疫情发生地与他国人员和贸易往来频繁，那么疫情输入他国的风险将增大。

四、寨卡病毒病疫情持续

（一）疫情概况

2015 年 1 月 1 日至 2018 年 2 月 15 日，全球累计 86 个国家和地区报告经蚊媒传播的本地寨卡病毒病疫情。美国截至 2018 年 10 月 31 日，报告感染病例 52 例，均为旅行相关病例。其他领土报告本地感染 106 例。

印度于 2018 年 9 月 21 日报告拉贾斯坦邦的首府斋浦尔发现感染病例，截至 11 月 2 日，确诊 157 例，包括 63 名孕妇。没有小头症或先天性寨卡综合征病例报告。临近的中央邦从 11 月开始暴发，10 天内发现感染病例 84 例，包括 17 名孕妇。古吉拉特邦也报告了病例。2017 年印度报告确诊病例 4 例。

（二）疫情特点

2015 年以来寨卡病毒病疫情主要集中在美洲和加勒比海地区，也包括部分东南亚和南亚国家，如泰国、越南、新加坡、马来西亚、菲律宾、印度尼西亚、柬埔寨、老挝、马尔代夫和印度等国家曾有疫情发生。印度于 2018 年下半年发生的疫情较活跃，需要密切关注后续进展。2018 年总体疫情较 2016 年大幅度回落。

（三）研究进展

《新英格兰医学杂志》（《The New England Journal of Medicine》）2018 年

9 月 27 日发表报告，对波多黎各人群进行寨卡病毒在体液存活持久性的研究。95% 男性中，寨卡病毒 RNA 在精液中经过近 4 个月后才清除。

《英国医学杂志》（《British Medical Journal》）2018 年 10 月 31 日发表文章，在法属圭亚那进行的一项前瞻性队列研究发现，母体感染寨卡病毒的病例中，26% 胎儿为先天感染，其中 21% 出生时出现严重并发症。

《欧洲监测》（《Eurosurveillance》）2018 年 11 月 8 日发表报告，对巴西萨尔瓦多出生的疑似先天性寨卡病毒感染婴儿进行脑成像研究。在 2015 年 4 月至 2016 年 7 月期间调查的 365 例婴儿中，166 例患有先天性脑异常。其中，143 例颅内钙化，111 例脑室扩张。大脑异常的患病率在 2015 年 12 月达到峰值，确诊为大脑异常的婴儿更有可能早产，且母亲在怀孕期间出现感染症状。

《传染病学杂志》2018 年 12 月 13 日发表文章，对 2016—2017 年期间波多黎各寨卡病毒感染者及其家庭成员进行研究。在 366 名接触者中，34.4% 在登记时有感染证据。已知病例的性伴侣继发感染的可能性是没有与指示病例发生性关系家庭伴侣的 2.2 倍。

《新英格兰医学杂志》2018 年 12 月 13 日发表研究，评估出生前接触寨卡病毒的婴儿出现健康问题的频率。对 113 名在母亲怀孕期间接触病毒的婴儿进行评估，12 ~ 18 个月儿童中，14.5% 至少出现一次与视力、听力、语言、运动技能或认知功能有关的延迟。6.25% 的儿童存在眼部异常，12.2% 存在听力问题，11.7% 在语言、运动技能或认知功能方面有严重的延迟。

（四）发展态势

尽管 2018 年寨卡病毒病的总体疫情较 2016 年大幅度回落，全球范围内仍将报告寨卡病毒感染病例，各国存在发生规模不一的本地疫情的可能性。

五、黄热病疫情持续

（一）疫情概况

2018 年初，巴西暴发黄热病疫情。从 2017 年 7 月开始，12 月增多，截至 2018 年 5 月 12 日，报告病例 1266 例。受影响最严重的是以往没有推荐接种疫苗的地区，如东南部。同期，报告非人灵长类动物确诊病例 752 例，圣保罗占 80.2%。巴西发生疫情期间，荷兰、法国、阿根廷、智利、罗马尼亚和瑞士等国家报告从巴西输入的病例。圣保罗州、巴拉那、圣卡塔琳娜和里约热内卢州均被世卫组织划为传播风险区。该国卫生部将全国划为疫苗推荐接种地区，并逐步扩大接种范围。

非洲地区，尼日利亚从 2017 年 9 月开始暴发，疫情持续，截至 2018 年 11 月 11 日，全国报告病例 3456 例。下半年，刚果（布）、刚果（金）、利比里亚、中非共和国、埃塞俄比亚和南苏丹均发生疫情。法属圭亚那也报告了确诊病例。

（二）疫情特点

黄热病多见于撒哈拉沙漠以南的非洲和中美洲、南美洲热带地区。巴西疫情影响范围为以往没有推荐接种疫苗的地区，因此，之前认为没有传播风险和疫苗覆盖率低的地区可能存在潜在蔓延危险。尼日利亚报告的疑似病例中，大部分年龄在 20 岁及以下。该国传播风险较高，蔓延至邻近区域的风险为中等水平。

（三）研究进展

《内科学年鉴》（《Annals of Internal Medicine》）2018 年 11 月 27 日发表文章，荷兰莱顿大学医学中心于 2005—2007 年开展了一项随机对照试验。

随访10年表明，皮内接种1/5剂量的黄热病疫苗可诱导保护性免疫应答，不需要加强免疫，保护效果可持续10年。

新加坡生物技术公司Tychan于2018年12月6日宣布，开发的全球首个治疗黄热病的单克隆抗体候选药物TY014已获得新加坡卫生科学局批准，开展I期临床安全性和耐受性试验。TY014直接作用于病毒表面的包膜E蛋白，通过限制病毒与宿主细胞的融合阻止病毒复制。

（四）发展态势

根据2018年的黄热病疫情形势，存在国际传播风险。没有接种疫苗且前往流行区的人员返回本国成为散发输入病例的情况将持续发生。在媒介条件满足疾病传播的地区，应保持高疫苗覆盖率。如果覆盖率不高，出现本地暴发的风险将增大。

六、西尼罗河热疫情高发

（一）疫情概况

欧洲地区截至2018年12月13日，报告人类感染病例2083例，大部分来自意大利、塞尔维亚、希腊、罗马尼亚和匈牙利。死亡181例，主要来自希腊、意大利、罗马尼亚和塞尔维亚。美国截至2018年12月11日，49个州和哥伦比亚特区报告人类、鸟类或蚊虫感染病例。其中人类病例2475例，死亡124例。

（二）疫情特点

欧洲地区和美国2018年总体疫情超过去年同期水平，从8月份开始，感染病例数急剧增加。欧洲地区流行季节比往年提前，且病例数超过既往7年病例数总和。疫情处于活跃期时，疫区的传播风险高。

（三）研究进展

《科学·转化医学》（《Science Translational Medicine》）2018 年 1 月 31 日发表文章，指出西尼罗河热病毒可以感染具有免疫力的野生型小鼠胎盘和胎鼠。病毒可以侵袭胎鼠的中枢神经系统，对正在发育的大脑造成损伤，也可以导致胎鼠死亡。

（四）发展态势

西尼罗河热病毒可以导致人类罹患致命性神经系统疾病，但约 80% 的病毒感染者没有任何症状。西尼罗河热病毒在非洲、欧洲、中东、北美和西亚很常见，以鸟类和蚊子之间的传播循环而在自然中存在，人类、马和其他哺乳动物都可能被感染。

七、霍乱疫情持续

（一）疫情概况

非洲之角和亚丁湾地区，霍乱疫情规模最大的是也门，2017 年 4 月 27 日至 2018 年 11 月 11 日，报告疑似病例 1299263 例，病死率为 0. 20% 。索马里、肯尼亚、乌干达、布隆迪、刚果（金）、坦桑尼亚、莫桑比克、马拉维、赞比亚、津巴布韦、纳米比亚、安哥拉、喀麦隆、南苏丹、乍得、尼日利亚、尼日尔和阿尔及利亚等国家均发生霍乱疫情。刚果（金）疫情一直持续，为该国自 1994 年以来最严重的。坦桑尼亚年初新增病例数激增，前 8 个月总数是去年同期的近 2 倍，截至 2018 年 5 月底死亡人数比去年同期增加 113% 。尼日利亚东北部疫情反复。

（二）疫情特点

非洲之角和亚丁湾地区霍乱疫情一直持续，非洲的东部、中部、南部、西部和北部均遭受影响。各国疫情规模不一，也门最大。一些国家疫情持续不断，一些国家结束后又暴发新的疫情。也门和尼日利亚等国家受安全局势影响，疫情控制遭受较大阻碍。也门营养不良的情况非常严重，儿童死亡率高。多数国家的基础卫生设施差，缺乏安全的饮用水，长期处于人道主义危机。

（三）研究进展

世卫组织 2 月批准的赛诺菲子公司 Shantha Biotechnics 的口服霍乱疫苗 Shanchol，为第二种被批准用于大规模预防和控制霍乱暴发的疫苗。公司报告称，在给药前，只要疫苗未过期，且疫苗瓶监测器未达到报废点，疫苗可在高达 40℃ 的温度下保存 14 天。

《柳叶刀·传染病》（《The Lancet Infectious Diseases》）2018 年 3 月 14 日发表文章，评价单剂量灭活全细胞口服霍乱疫苗（OCV）的效果。在孟加拉国达卡开展有安慰剂对照的双盲试验，并随访两年。结果表明，单剂量疫苗对 5 岁以上儿童和成人的保护效果能持续至少两年，对 5 岁以下儿童没有显著效果。5 ~ 15 岁受试者中，疫苗对所有霍乱病例的保护效果为 52%，对严重病例的保护效果为 71%。15 岁及以上受试者中，疫苗对所有病例和严重病例的保护效果均为 59%。

《柳叶刀·全球健康》（《The Lancet Global health》）2018 年 9 月发表文章，对海地的霍乱患者开展病例对照研究，评价在接种标准两剂方案或一剂不完全方案疫苗 4 年后，二价灭活全细胞口服霍乱疫苗的有效性。结果表明，在海地霍乱流行和新发的环境下，接种一剂疫苗可提供短期防护，而两剂疫苗提供的保护效果能持续 4 年。以往霍乱疫苗的有效性评估基本在南亚地区开展。

（四）发展态势

如果不改善卫生设施，无法保证饮水和饮食安全，不能开展及时且恰当的病例管理，霍乱疫情将继续发生。人道主义危机问题无法立刻得到解决，有些国家仍存在较高的暴发风险。整体上，区域传播风险为中等水平，也存在国际传播的可能。

八、其他主要疫情

（一）尼帕病毒感染事件

印度尼帕病毒感染事件值得关注，该国于 2018 年 5 月 19 日报告喀拉拉邦发生尼帕病毒感染，为南部第一次疫情。报告病例 19 例，死亡 17 例。这是印度第三次报告尼帕病毒感染，前两次分别在 2001 年和 2007 年。狐蝠科狐蝠属的果蝠是尼帕病毒的天然宿主，广泛分布于印度，且存在迁徙的现象，因此暴露风险为高水平。由于疫情较局限，印度具有控制疫情的经验和能力，本次尼帕病毒引起的疾病不是一次重大暴发，只是一个本地事件。目前没有针对尼帕病毒的疗法和疫苗，以支持性治疗为主。

《传染病学杂志》（《The Journal of Infectious Diseases》）2018 年 6 月 15 日发表文章，研究人员以仓鼠为模型，研究气溶胶能否传播尼帕病毒。结果表明，使用含尼帕病毒的小颗粒气溶胶感染仓鼠，其临床表现与用液体种菌感染的症状类似，并且表现出与感染患者一致的组织病理学病变。含有病毒的飞沫可以通过亲密接触传播。

（二）拉沙热疫情

2018 年初，西非国家尼日利亚、贝宁和利比里亚发生拉沙热疫情。加纳也报告了病例，塞拉利昂于年中发生疫情。尼日利亚疫情是该国规模最大的一次，截至2018年11月25日，22个州报告病例3142例（确诊568例），病死率4.6%。存在全国传播及蔓延至邻国的风险，区域层面传播风险为中等水平。贝宁暴发期间，其国家处于高度警戒状态。

西非地区一些国家几乎每年暴发疫情。1969—2018年期间，拉沙热主要在尼日利亚、几内亚、塞拉利昂和利比里亚4个国家流行。马里、布基纳法索、科特迪瓦、加纳、多哥和贝宁存在感染证据。

《自然·通信》（《Nature Communications》）10月11日发表文章，介绍一种灭活重组拉沙热病毒和狂犬病候选疫苗LASSARAB。在小鼠和豚鼠模型中，LASSARAB引起了针对拉沙热和狂犬病病毒的持久性体液免疫应答，保护小鼠和豚鼠免受拉沙热的侵袭。

（三）脊髓灰质炎疫情

截至2018年12月4日，全球报告野生型脊髓灰质炎病例28例。阿富汗报告20例，为去年同期的2倍，主要受安全局势影响。巴基斯坦报告8例。疫苗衍生型脊灰病例98例。刚果（金）自2017年末暴发三起疫情，报告病例21例，为Ⅱ型疫苗衍生脊髓灰质炎病毒（cVDPV2）。巴布亚新几内亚暴发cVDPV1疫情，病例25例。尼日利亚的吉加瓦和索科托州分别暴发cVDPV2疫情，病例31例。尼日尔报告8例cVDPV2病例，与尼日利亚吉加瓦州疫情有关。索马里13例，包括cVDPV2，cVDPV3和cVDPV2&3。

从尼日利亚到乍得湖流域国家或撒哈拉以南非洲更远地区的国际传播风险较大。世卫组织突发事件委员会2018年11月30日发表声明：脊灰病毒的国际传播仍是国际关注的突发公共卫生事件。非洲之角多个国家开展合作，共同控制疫情。

（四）裂谷热疫情

南苏丹年初发生裂谷热疫情，位于湖泊州东部，截至 2018 年 7 月 22 日，病例 10 例，病死率为 30%。证据显示疫区的山羊、绵羊和牛群中患出血性疾病。野鸟死亡与最初的聚集性病例有关，且该地区持续报告动物死亡。5 月开始，肯尼亚东北部和乌干达分别报告疫情。肯尼亚疫区为半游牧和偏远社区，以畜牧为生。南苏丹的牧民与肯尼亚、埃塞俄比亚和索马里部分地区以及乌干达东部联系密切，牲畜流动大。

（五）猴痘疫情

尼日利亚自 2017 年 9 月起一直经历规模较大的猴痘疫情，截至 2018 年 11 月 13 日，报告病例 300 例（确诊 126 例），病死率为 2.7%。主要感染途径是接触患病的野生动物（如啮齿动物和猴子）。自 2017 年，非洲地区 7 个国家报告人类感染病例，分别是喀麦隆、中非共和国、刚果（布）、刚果（金）、利比里亚、尼日利亚和塞拉利昂。2018 年，报告的猴痘病例数明显增多。大部分来自农村地区，耕作和狩猎等活动增加了动物向人类传播的风险。英国于 9 月报告该国首例猴痘病例，前两例为尼日利亚输入病例，没有关联。第三例为照顾猴痘患者的医务人员。以色列于 2018 年 10 月 12 日报告 1 例尼日利亚输入病例。

（六）李斯特菌病

2017 年 12 月 6 日，南非卫生部向世卫组织报告李斯特菌病暴发。这是全球规模最大的疫情。2017 年 1 月 1 日至 2018 年 7 月 26 日，报告确诊病例 1060 例，病死率为 20.4%。大部分为新生儿、孕妇、老年人和免疫功能低下人群。受影响最严重的是 Gauteng 省。疫情源头为林波波省首府的一家食品生产企业生产的即食肉制品，被广泛食用，且出口非洲 15 个国家。为应对这次疫情，世卫组织已向 16 个国家提供支持。

九、研判与启示

（一）完善监测体系，加强传染病监测能力

2018 年，全球新发传染病疫情形势不容乐观。随着人员和贸易往来的不断加深，输入风险将增大。对于经不同传播途径的传染病，都应该完善相应的监测体系，尤其是经常与受疫情影响国家和地区接触的国家。加强疾病的监测能力，及时发现异常情况和新增的输入病例，提前做好疫情应对工作。

（二）加强疫苗接种，提高人群免疫力

刚果（金）第一次埃博拉疫情迅速得到控制，世卫组织归功于试验性疫苗的使用。巴西黄热病疫区是没有推荐接种疫苗的地区，非洲国家病例没有疫苗接种史。也门的安全局势阻碍了疫苗接种工作，疫情形势严峻。欧洲和美洲地区的麻疹疫情，主要原因是疫苗覆盖率不理想。对于疫苗可预防的传染病，保持人群中高水平的疫苗覆盖率是应对疫情的关键。

（三）促进国家和地区合作，强化疫情控制能力

刚果（金）第二次埃博拉疫情，国家和区域传播风险水平均为非常高。中东地区的中东呼吸综合征、非洲地区的霍乱、黄热病和拉沙热、欧洲地区的西尼罗河热以及全球范围的脊髓灰质炎等，使得区域层面存在不同水平的传播风险，且有国际蔓延的可能。目前的疫情不再局限于最初的暴发地区，普遍存在向周边地区和邻国蔓延的趋势，以及输入他国的风险，甚至引发国际广泛传播。为了控制疫情，必须促进国家和地区间的合作，共同应对以降低进一步传播的风险。

（四）加快研发进展，提高疫情应对能力

2018 年 2 月，世卫组织发布迫切需要加速研发的优先疾病清单。这些疾病有可能造成突发公共卫生事件，且缺乏有效的药物或疫苗。它们分别是克里米亚—刚果出血热、埃博拉病毒病和马尔堡病毒病、拉沙热、中东呼吸综合征和严重急性呼吸系统综合症、尼帕和亨尼帕病毒病、裂谷热、寨卡病毒病以及未知疾病 X。2018 年引起关注的大部分疫情由这些疾病引起。对于新发传染病，需要加速研究，尽快开发药物和疫苗，提高应对能力。

（五）密切关注疫情态势，增强应急准备能力

刚果（金）连续两年发生埃博拉疫情，中东呼吸综合征病例持续报告，登革热全球范围暴发。寨卡病毒病、黄热病和西尼罗河热等疫情仍然发生。霍乱和脊髓灰质炎疫情持续不断。拉沙热和猴痘病例近两年呈现上升趋势。印度的尼帕病毒感染事件不容忽视。2018 年防控形势更为严峻。不仅需要密切关注疫情的发展趋势，而且需要追踪传播途径、后遗症、预防疫苗和治疗药物等研究进展。做好技术和物资等各方面的储备，积极开展长期防控的准备工作，增强应急处置能力。

（中国人民解放军疾病预防控制中心　李晓倩）

2018 年战创伤输血救治研究发展综述

一、全血在战创伤输血救治中的应用研究

目前全血仍是战术战伤救治（Tactical Combat Casualty Care，TCCC）准则中首选的主要复苏液。在战场上，出血伤员需要紧急救治的情况下，全血与成分血、重构血相比，具有以下方面的优势：其一，凝血因子和纤维蛋白原的凝血活性更高，已有研究表明全血治疗严重创伤性出血的时效性更好；其二，全血更加浓缩、体积小，抗凝剂和添加剂更少；其三，氧运输能力更高，血小板止血功能基本保持；其四，全血输注过程中受体一般只有一个供者，相对来说更安全。

一项得到美国陆军医学研究与物资部资助的研究显示，在治疗严重的多发伤出血时，若以恢复动脉压、血浆乳酸水平、凝血功能和血小板聚集的变化为患者恢复的标准时，4℃储存全血和新鲜全血中的血小板在受伤组织的止血方面等效；4℃储存全血在低温储存 7～10 天时止血性质基本保持，是伤员恢复止血功能的替代资源。采用创伤性休克大鼠模型的动物实验显

示，新鲜和4℃储存全血均有助于组织损伤处有效血凝块的形成。

另一个实验研究关注点为O型全血抗体滴度的问题。美国血库协会（AABB）于2014年颁布的标准5.14.1（第18版）中规定出血伤员应输注ABO血型特异性的全血以减少急性溶血输血反应的风险，但此规定在第31版中发生了更改，现规定允许给出血伤员输注低滴度O型全血（LTOWB）。匹兹堡大学规定抗体滴度小于1：50的O型全血可以输注给A、B、O 、AB及未测血型的出血病员。他们于2014年12月至2018年2月设计了一项前瞻性观察研究，在院前急救中给102名非O型血出血患者输注了1～4个单位的LTOWB，主要监测患者的触珠蛋白、乳酸脱氢酶，总胆红素、肌酐、钾等溶血指标，发现复苏中输注多达4个单位的患者都没有发生溶血等不良反应。同时他们分析比较了2015年1月至2017年12月3年间135名院前输注LTOWB患者和135名常规成分血救治患者的住院天数和死亡率，发现两者之间没有统计学差异，因此认为与常规的成分血治疗相比，LTOWB输注具有相似的临床结果。

目前全血在战现场的来源主要有两种策略，一种是经提前收集存放以备后续使用的4℃储存全血，通常称为“储存全血”。储存全血因预先采集能在实验室进行传染病等筛查，由4℃血液储运箱保存并携带至战现场使用。目前美军、法军和挪威军队已有上述全血储备。另一种策略是在应急救治中抽取战现场未受伤人员血液，即“流动血库”供血。这种策略的明显优势在于全血保障及时，即使在高移动性和急行军的战场上也不受存储条件和储存装置的限制。

二、冻干血浆在院前输血救治中的应用研究

目前，创伤导致失血性休克患者的复苏策略、患者民用或军用转运方

面均已取得显著进展。例如，伤员一抵达创伤急救中心即可接受早期红细胞：血浆：血小板为1：1：1等比例成分输血治疗。在伊拉克和阿富汗战争中，早期输注血浆治疗创伤性凝血障碍得到广泛使用，但严重失血伤员的生存率几乎没有变化，大多数创伤性失血伤员在到达创伤急救中心后数小时内仍然发生死亡，主要原因之一是创伤导致大量凝血因子消耗和（或）纤维蛋白溶解亢进，引起凝血功能障碍，出现难以控制的出血。因此美军提出早期院前输血救治对于重度失血伤员救治可能十分重要。但目前仍然缺乏院前救治时血浆输注相关的疗效或风险的研究数据，且使用时机还存在争议。

战场特殊环境条件极大程度上限制了所需的血液输送能力，目前法国、德国均有自己独立研发的冻干血浆并在其各自的国家/地区广泛应用。而美国国防部和生物医学高级研发管理局正在资助采用不同的技术方法和商业模式开发多种冻干血浆产品。近期美军还特别资助了一批关于院前冻干血浆应用的前瞻性随机临床研究。

由于冻干血浆的临床应用还未得到FDA的批准，美国国防部资助的美国Ⅰ级创伤中心的多项试验，以验证院前冻干血浆复苏的治疗效果。其中一项是依托美国科罗拉多大学丹佛分校医学院组织开展的COMBAT试验（Control of Major Bleeding After Trauma Trial），研究在城市地区快速地面运输的情况下（患者平均到达医院时间小于25分钟）院前血浆复苏的效果，研究成果2018年7月19日发表于《柳叶刀》（The Lancet）杂志；另一项是由来自匹兹堡大学医学中心的研究团队组织多中心PAMPer试验（Prehospital Air Medical Plasma Trial），评估了空中运输后送中使用院前血浆的情况，院前时间更长（到院时间为31～70分钟），研究成果2018年7月26日发表于《新英格兰医学杂志》（NEJM）杂志。上述结果提示在有失血性休克风险的创伤患者中，院前给予血浆是安全的。与标准治疗复苏相比，院前血浆能够降低患者30天死亡率和到院时凝血酶原时间比值。

上述两项试验已经初步显示了使用院前冻干血浆的有效性和安全性，以便在获得FDA批准后，冻干血浆能够更好地应用于战时院前救治中。

三、储存红细胞在创伤输血救治中的不良反应研究

输注储存时间长的陈旧红细胞是否对危重患者造成危害一直是一个有争议的问题。最近的一则研究中，以输注大量RBC的创伤患者为研究对象，研究红细胞储存时间与患者死亡率的相关性。该研究分析来自PROPPR试验的数据，选取了北美12个一级创伤中心的严重创伤成年患者，这些患者至少已输注一单位红细胞且仍可能大量输血。将主要的危险因素设定为入院后最初24小时内红细胞输注量，并根据血袋上红细胞保存天数，将红细胞分为4类：0~7天、8~14天、15~21天，以及≥22天。采用随机效应Logistic模型，分析了红细胞输注量及储存时间与患者24小时内死亡率的相关性，并校正了混杂因素，如输注红细胞总量、患者年龄、性别、种族、损伤机制、损伤严重度评分、修正创伤评分、受伤部位和试验治疗分组。分析结果显示，只有接受红细胞≥10个单位时，上述RBC储存时间对24小时内死亡率的影响才是成立的。因此在需要接受大量输血（输血量≥10个单位）的创伤患者中，陈旧红细胞输注量与24小时内的死亡风险上升有关，但是对于输血量少于10个单位的患者，红细胞储存时间对患者死亡率未造成明显影响。

四、冷藏血小板在创伤输血救治中的应用研究

近期研究发现冷藏血小板具有更强的聚集效应，可以使活动性出血得到有效控制。对于战创伤出血的伤员，输注血小板首要关注的是其快速止血功能，而不是血小板在机体内的有效存活（被清除）时间；故将4℃血小板用于急性出血以及低血容量性休克抢救时，由于血小板在冷藏保存过程中已适度活化，比起输注常规的22℃血小板，更易于促进机体凝血、止血，从而在战创伤急性止血方面更具优势。并且比较于输注常温保存血小板，输注4℃血小板不仅所形成的血栓更加稳定，而且还能降低输注常温保存血小板伴随的细菌感染风险。新近研究显示，4℃冷藏保存10~14天全血中的血小板仍有较高活性。因而4℃血小板在战创伤输血救治中的应用再次获得关注。

血小板在低温下储存虽然能减少细菌的繁殖，但低温还是会引起血小板的激活样改变，这些变化会导致血小板在血液循环过程中被迅速清除。最新的研究表明血小板冷藏过程中循环复温可促进血小板的恢复并改善存活状态。复温血小板能逆转低温引起的这些变化，因此该研究认为在血小板的冷藏过程中间断复温（循环复温）能减少低温导致的血小板在循环中的清除。

五、血液代用品在创伤输血救治中的应用研究

血液代用品——血红蛋白氧载体产品HBOC-201是一种基于牛血红蛋白的供氧剂，HBOC-201的设计目的是在血液（红细胞）不可及的场景下

作为血浆扩容剂和供氧剂，即时为乏氧器官提供氧气输送。大量研究报道了在创伤、脑损伤和失血的动物模型中使用原 Biopure 公司的 HBO－201 的积极结果。最近报道了一个案例，在对不能接受异体血液产品的一名大面积烧伤患者救治中，FDA 迅速准予使用 HBOC－201 产品进行伤员救治。

该患者早期复苏结束后，进行了烧伤创面切除和创面闭合，并尽量减少后遗症。由于烧伤面积大，而且大部分烧伤创口位于躯干，院方判断：在没有血液供应的情况下，患者无法在围手术期存活。与家属讨论后，院方启动了获取 HBOC－201 的程序，包括以下几个步骤：①有使用 HBOC 经验的临床医生与 Biopure 公司联系；②向 FDA 提交申请，请求批准将 HBOC－201 作为紧急使用在研新药；③向当地的机构审查委员会提交知情使用方案；④获取家属的知情同意。基于在围手术期急性失血可能导致携氧能力急剧降低，以及 HBOC－201 增强存活率的可能性，该申请获得了批准。

随后该患者接受了烧伤切除、自体移植和异体移植手术，失血大约 2500 毫升，术中未输注 HBOC－201。术后大约 4 小时出现低血压，中心静脉血氧饱和度为 39%，血红蛋白为 50 克/升，于是在 8 小时内输注 4 个单位的 HBOC－201。在 HBOC－201 输注期间无不良事件发生，患者保持血压正常。同时静脉输注抗坏血酸。由于 HBOC－201 的半衰期为 19 小时，次日又输注了两个单位。最终该患者被成功救治。

（军事科学院军事医学研究院卫生勤务与血液研究所　詹林盛）

2018 年美军干细胞与再生医学研究发展综述

一、干细胞与再生医学前沿进展概述

干细胞具有体外自我更新和多向分化潜能，可以在体外诱导分化获得各种组织细胞用于组织器官损伤修复和疾病治疗。2018 年干细胞研究依然受到科学家和世人的广泛关注。干细胞在生命科学的基础研究与临床应用中起着越来越重要的作用；在细胞治疗、组织器官修复、发育生物学、药物学等领域有着极为广阔的应用前景。尤其是在干细胞研究的临床转化方面取得了不少突出进展。

（一）基因修饰后的表皮干细胞首次应用于人体试验

大疱性表皮松解症是一种由编码基质细胞的基因突变引起的严重的皮肤病，不仅造成病患皮肤及黏膜的慢性损伤，降低病患生活质量，还会导致皮肤癌。意大利的 Graziella Pellegrini 研究团队利用转基因的表皮细胞干细胞在体外扩增培养后，临床注射治疗一名7 岁男童的危重大疱性表皮松解症。细胞输注后的体内示踪实验揭示了干细胞在皮肤损伤修复过程中的作用模式，其是通过移植细胞中一群数量极小的能够不断自我更新和多向分化的表皮干细胞来发挥组织修复功能。

（二）诱导性多能干细胞来源细胞治疗帕金森病临床试验获得批准

2018 年日本政府批准了日本京都大学诱导性多能干细胞来源的神经前体细胞治疗帕金森病的临床试验。帕金森症是一种常见却尚无根治方法的神经退行性疾病，由脑内产生多巴胺的神经细胞逐渐死亡引起。日本科学家山中伸弥（Shinya Yamanaka）的团队 2017 年 8 月在《Nature》上报道了利用 iPS 细胞来源的神经前体细胞治疗猕猴帕金森病的临床前研究结果。该实验通过外科手术向猕猴脑内注射约 500 万个神经祖细胞，PET（正电子发射断层成像）和 MRI（磁共振成像）等结果表明，移植神经前体细胞可以植入患病猕猴脑内并存活，并且发挥治疗作用，移植细胞通过两年的随访并无肿瘤发生等异常反应，具有较好的安全性。该项临床试验将招募 7 名对药物不敏感的帕金森病患者为志愿者，细胞移植后通过两年的随访期观察其治疗效果。

（三）干细胞来源的类器官构建技术取得重要进展

哈佛大学再生医学研究所的 Kevin Smith 团队建立人多能干细胞向皮质神经元诱导的技术体系，并可通过 CRISPR 技术进行基因编辑后模拟人类的精神疾病，进一步在 3D 环境中培养建立类脑器官，能够高度模拟人类大脑功能。此模型将突破目前其他物种疾病模型在人类精神疾病探究上因种属不同造成的信息干扰和丢失。研究者利用该模型研究了编码突触后致密蛋白 Syngap1 的基因突变引起的癫痫、运动机能丧失及潜在的精神分裂。Syngap1 不仅影响脊柱的柔韧性与结构完整，还与许多突触后致密蛋白（SHANK3，PSD－93，PSD95 及 AMPA/NMDA）有密切的关系，而这些致密蛋白大都已被证实与精神类疾病有关系。

（四）单细胞测序技术分析间充质干细胞异质性

近年来飞速发展的单细胞测序技术也在干细胞与再生医学领域得到了广泛应用，除了应用于研究干细胞的诱导分化机制，在干细胞治疗的临床转化领域也开始受到关注。美国科学家 Pamela Robey 团队利用单细胞测序新技术对新鲜分离的骨髓间充质干细胞异质性进行研究，来揭示其用于组织修复的机理。在 10 × 的测序深度下，他们发现这些细胞显著地分为两个亚群：一个亚群有大量的成熟骨细胞的表面标志物（RUNX2、SPP1、IBSP、BGLAP、COL1A1、IFITM5）表达，另一个亚群则表达丰富的骨髓间充质干细胞的标志物（CXCL12、LEPR、FRZB、VCAN、IGFBP4、TAGLN、FRZB）。结合单细胞测序和生物信息学分析有助于更好地研究间充质干细胞的异质性，深入分析各细胞亚群的生物学功能，并明确微环境对干细胞诱导分化的影响。

（五）CRISPR 基因编辑技术与多能干细胞分化密切结合

以 CRISPR 技术为代表的基因编辑技术快速发展，将多能干细胞的体外诱导分化模型与基因编辑技术进行结合，在药物筛选及个性化干细胞治疗等领域有广阔前景。美国斯坦福大学的科学家 Renata Martin 将 CAS9 与重组 AAV6 载体联合后得到无需筛选标记物的基因编辑方法。该方法实现了在多能干细胞的 HBB 和 MYD88 位点分别表达整合后 2. 2kb 基因片段的效率分别达到了 94% 和 67%。利用该技术纠正镰刀型细胞贫血症（纯合子型）患者的单核苷酸突变时基因编辑效率达到 63%。研究人员对于这项改进和完善后的技术在临床前研究的应用抱有极大的信心。

二、美军干细胞与再生医学研究进展

干细胞与再生医学是生命科学领域的新兴学科，发展异常迅速。由于干细胞与再生医学具有的重要战略价值和军事意义，军事再生医学已经成为各国军方关注的焦点。美国国防部早在2003年即制定代号“新生”的四肢再生计划；2004年出台“诱导胚胎干细胞向神经细胞分化修复脑损伤”计划；2008年又联合多所大学建立再生医学研究所，研发干细胞技术与产品用于战创伤组织的修复，目前再生医学研究所已经进入第二个发展阶段，资助了多项研究用于战伤救治和康复治疗，并已取得了阶段性成果。

（一）美军 Rutgers – Cleveland Clinic Consortium（RCCC）研究

RCCC是美军再生医学研究所的重要组成部分，以多机构多学科的方式进行损伤修复先进技术研究。其主要利用3种途径进行损伤修复治疗，异体组织器官移植方面、细胞和干细胞移植及组织工程产品。在异体组织器官移植方面，RCCC通过提高器官（组织）受损患者的免疫系统对供体器官（组织）的兼容性来提高移植存活率；在细胞与干细胞治疗方面预计5年之内完成将自身脂肪及骨髓来源干细胞的临床应用；在组织工程方面则已初步完成骨、神经和肌腱等组织的修复再生试验。RCCC在美军资助下还开展面部移植研究，完成了多例完整面部移植手术，目前克里夫兰医学中心已成功开展三例面部移植手术（图）1，有望为战伤导致的面部缺损提供有效治疗手段。

（二）北卡罗莱纳大学 Wake Forest 再生医学研究所（WFIRM）研究

WFIRM是美军再生医学研究所的另一个重要组成部分，其针对战伤救治开展了肢体再生的相关研究，另外还开展了器官再生，以及利用干细胞进行3D打印组织器官，如构建组织工程血管用于心脏搭桥手术。WFIRM还开展了组织工程膀胱的临床试验研究。另一项收到广泛关注的是该研究所研制的皮肤喷枪用于战时2度烧伤患者的治疗，有望替代目前应用的传统的皮肤移植治疗。在美军再生医学研究所二期项目的资助下，WFIRM下一步将围绕以下3个方面开展重点研究：重建泌尿器官和生殖器官、预防面部

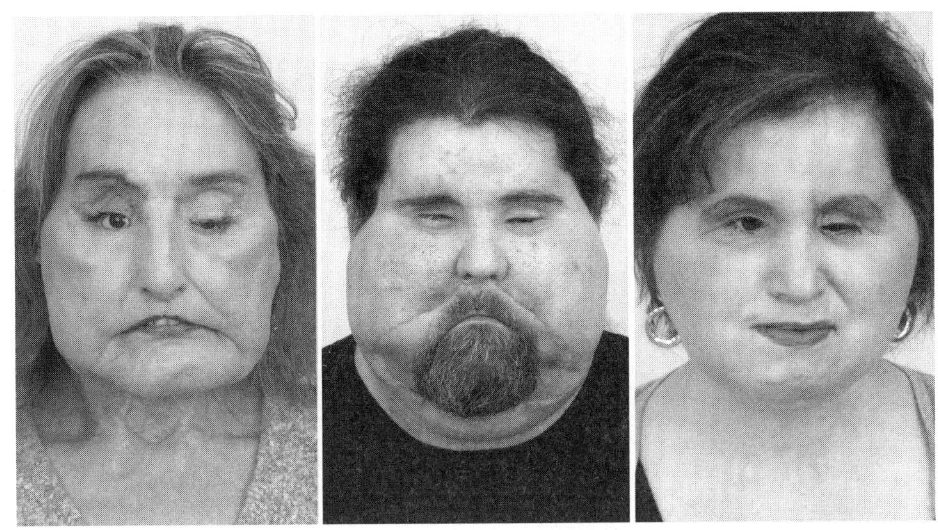

图 1　克里夫兰医学中心成功开展三例面部移植手术

和肢体移植后排斥反应和组织工程重建修复颅骨和面部损伤。

（三）军民融合推进肌肉组织的再生修复研究

美军与哈佛大学干细胞研究所和 Frequency Therapeutics 公司三方合作全面推进利用小分子化合物激活机体干/祖细胞用于肌肉组织再生修复的研究。该团队分离培养肌肉组织中具有干/祖细胞特性的肌肉卫星细胞，并成功建立了模拟干/祖细胞微环境的培养体系，为研发促进肌肉再生的药物提供技术平台，进一步筛选促进肌肉卫星细胞原位再生修复的小分子药物。该团队还在澳大利亚成功完成了第一例听力重建的人体安全试验，目前该项目已经进入 2 期临床试验，并于 2018 年在美国同步开展临床试验。

（四）利用人体培养耳朵用于耳郭再生

威廉·博蒙特（William Beaumont）陆军医学中心成功在一名伤员的前臂完成外耳郭再生。研究者取伤员自身的肋软骨修改成外耳形状，将其植入前臂皮下（图2），让其继续生长，然后取出进行外耳郭重建的整形手术。

该皮下生长的外耳具有全新的血管，新血管的生成在一定程度上证明了该再生器官有完整的生物血管学功能。该创新性手术将有望用于战伤导致的外耳郭损失的整形重建，具有良好的军事价值和广阔的应用前景。

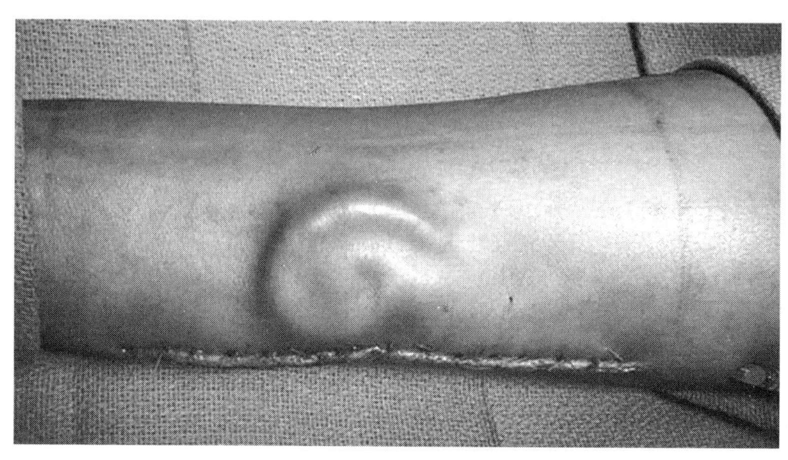

图 2　皮下培育生长的外耳郭

（五）组织工程血管获批开展 3 期临床试验

2018 年 4 月，FDA 批准了美军一项组织工程制造的血管进入 3 期临床试验。该产品以患者的组织为模型，移植的血管与原组织中的血管极为相似，能够极大地减轻免疫排斥反应。该方法缓解了传统方法从伤者组织（通常为腿）中取出血管或寻找别的捐献者带来的供体紧张问题。该研究的最终目标是在较长的时间尺度上实现提高伤残患者肢体再生及功能重建的可能。虽然最终能否实现蝾螈般的再生仍需时间来验证，但美军对此持乐观态度。近来奥地利科学家 Elly Tanaka 完成并解析了蝾螈的基因测序数据，有望进一步解开该物种超强自愈能力的奥秘。

（六）美军研发便携式骨间填充物急救箱

美军研发的这种填充物添加了抗菌成分，在促进骨组织再生修复的同时降低感染发生率。研究人员还注意到非洲刺毛鼠在遭遇捕食者袭击时会通过脱落大量皮肤组织的方式来逃脱，并在极短时间内恢复。美军也在致力于研究非洲刺毛鼠超强的自愈能力的背后机制，有可能成为下一步再生医学技术突破的着眼点。

（七）美军成立“视觉再生医学”专项基金

美军于2018年2月与地方研究机构合作成立“视觉障碍再生医学”专项基金。项目旨在帮助众多患有青光眼的美军及美国民众摆脱疾病困扰。主要集中在研究增强存活神经元再生，重建末端神经细胞与大脑皮层视觉中枢神经细胞间的联系等，希望藉此从整体上重建视觉系统。

（八）美军高度关注再生医学与康复的融合应用

美军医疗机构、美国国家自然基金会和美国国立卫生研究院联合在《再生医学》杂志撰写文章，关注再生医学在战伤救治和康复方面的应用，并提出了促进其研究和发展的总体考虑。各方一致认为虽然再生医学提供了巨大的临床前景，但再生康复也能够反过来积极影响再生医学的发展。通过更好地了解再生医学原理，康复研究人员可以更好地定制康复工作，以适应和最大化再生医学的潜力。如果临床前研究不考虑通常属于康复研究领域的结果，如功能、运动范围、感觉和疼痛等，则再生医学技术转化应用面临的关键障碍将难以克服。各方将联合鼓励来自多个学科的临床医生和研究人员协同合作，最大限度地恢复残疾人或受伤患者的功能和生活质量，包括美国退伍军人和现役军人。联邦政府机构一直在投资研究和临床护理工作，重点分别是再生医学（NIH、NSF、VA和DoD）、康复科学（VA、NIH、NSF、DoD）以及最近的再生康复（NIH和VA）。随着科学的进步和技术的成熟，研究人员需要考虑再生康复的综合方法，以最大限度地提高患者的功能。

三、展望

再生医学涵盖了组织工程、干细胞技术、细胞工程、基因工程、材料科学和3D打印等多项交叉学科的内容，成为生物医学工程的主要部分。以干细胞和再生医学技术为基础的组织修复再生作为军事再生医学的关键技术之一，将为战伤救治和以失能康复为目的的军事医学提供新的、更有效的理论、技术和产品，具有十分重要的军事效益。伴随着干细胞与再生医学领域及其相关技术的快速发展，其对军事医学的影响和作用愈加深远，战略地位更加突出，而再生医学领域的快速发展是一次提升卫勤保障能力的重大战略机遇。

（军事科学院军事医学研究院卫生勤务与血液研究所
习佳飞　王晓玲　岳文　裴雪涛）

ZHONG YAO

ZHUAN TI FEN XI

重要专题分析

2050年国防生物科技演变预判

近年来，生物科技在军事斗争领域的应用越来越广泛，已经深度融入到新兴武器装备开发与军事能源供应、作战主体健康与战斗力保障、塑造未来战场环境、战略战术决策支撑等方面。以生物科技为基础的战斗力生成模式已经初步形成，伴随正在到来的新生物学革命和国际格局的动荡与变迁，预判未来15～30年的国防生物科技前景和演变路径将越发重要、迫切。

一、生物特性与国防科技创新和战斗力生成的基本关系

（一）生物主体的历史演化性，启示国防科技的攻防兼备、系统化演绎、颠覆性发展

与其他学科门类相比，生物学的研究对象生物是宇宙特定演化阶段的产物，即便是最简单的单细胞生物，也包含有38亿年的丰富演化信息。38亿年的演化史，也是一部生物的生存史与灭绝史以及生物与生物、与自然的斗争史。如果不发生地球级灾难性事件，生物的演化过程将从遥远的过

去一直延续到可以预见的未来。漫长的演化过程，赋予了生物体既具有制造各种极端复杂事件的能力，也具有应对各种极端复杂势态的能力。从军事学角度看，每一种生物物种都是在经历多种复杂“进化战争”后脱颖而出的、攻防兼备型生物战士。同时，未来的国防科技，在不同类型的国防体系高强度持续博弈中，也可能从生物演化中获得更多灵感，演绎出自身的规律。

（二）生物作为具有信息处理功能的活体甚至“智能物质”，开辟了国防科技创新的新范式

理论上，任何新颖的物质、能量或信息处理运行形式和机制，都具有形成军事科技运用手段的潜能。生物是自然界演化形成的作为物质、能量和信息处理过程的自为型综合体。虽然生物体对环境条件的鲁棒性、适应性特征只局限在特定范围，不能承受超高温、超高压、超高磁等极端物质条件，也不具备承担特定高速、高强度任务的性能。但与其他现代高科技军事技术装备相比，将“生物体”整体作为军事科技手段，理论上会产生与单一运用物质、能量或信息行为截然不同的效果。

（三）生物作用方式的大时空维度性，凸现了国防生物科技创新的灵巧性

具有生物学意义的生物事件的时间发生跨度从神经离子通道开闭 10^{-6}秒（微秒）级，一般酶促反应、蛋白质折叠、细胞信号转导的 10^{-3}秒（毫秒）级，真核生物 DNA 复制、细胞膜运动、组织器官发生功能的 100 秒级，再到细胞周期、疾病流行的 $10^{3}\sim10^{6}$秒级，人的生命周期 10^{9}秒级，横跨 15 个时间维度。空间维度跨度则从生物大分子及复合体的 10^{-9}米级、细胞的 10^{-6}米级、生物组织的 10^{-3}米级，到器官和动物有机体的米级、生态系统的 $10^{3}\sim10^{6}$米级，横跨 12 ~ 15 个空间维度。生物事件展开的大时空维度性，使得基于生物的军事科技手段运用手段不必拘泥于某一特定时空范围，操作形式可能更加灵活。

（四）生物作用对象的社会性，揭示国防科技创新与国家安全之间边界的模糊性

生物在生物圈、地球圈和大气圈广泛分布，以各种层次的社会性群体形式存在。生物体与自然界的适应与改造现象、生物体与生物体之间的适应与改造事件，特别是人类社会自身的各类冲突、防御和合作行为，都是针对特定的问题，直接效果具有精准性，但由于对象是作为生物圈群体中的部分存在，均具有一定适应性和社会性，综合效果通常难以精确预测和测定。但这种特点对人类社会不断推进防御合作理论与实践，具有方法借鉴、概念启发价值。

（五）生物系统机理复杂性和现阶段的理论不彻底性，揭示国防生物科技创新的内在局限性

除病毒外，现有生物体都是细胞有机体，其整体复杂性依然超出当前的科技的解析、建构范围。例如，即便是最简单的大肠杆菌，生物学界对其的理解依然是卡通解析式的，还不能达到令人满意的精准程度。生物的系统复杂性和对其运作机理理解的不彻底性，决定了目前任何直接基于“生物体”概念的军事科技手段都有其现实应用的不完全确定性，这也启示人类社会对待任何所谓的生物高科技都必须保持谨慎。

从战斗力生成路径看，生物科技全面影响作战主体、武器装备、战场环境以及人—机—环境的融合；从国家安全、国防安全角度看，生物科技发展与政治安全、军事安全、社会安全、科技安全、信息安全、生态安全、资源安全等安全领域相互交织，对最广泛意义上的安全产生影响（表1）。

表 1　生物科技与战斗力生成要素、国防安全的基本关系

<table>
<tr><td colspan="2" rowspan="2">战场环境塑造</td><td>可能的方法路径</td><td>特点</td></tr>
<tr><td>环境改造</td><td>由战争外在因素
转变为内在因素</td></tr>
<tr><td rowspan="4">人</td><td>己方</td><td>机能增强</td><td>可改变人本性</td></tr>
<tr><td>直接敌对方</td><td>生物战剂</td><td>可能更加高效</td></tr>
<tr><td>直接敌对方</td><td>机能操控、意识
操控、身份替换</td><td rowspan="2">超越《禁止
生物武器公约》</td></tr>
<tr><td>附带敌对方</td><td>种族生物武器</td></tr>
<tr><td rowspan="4">武器装备</td><td>基于生物体</td><td>生物感知</td><td>泛在战场环境全谱监控</td></tr>
<tr><td>仿生</td><td>仿生</td><td>新质武器装备</td></tr>
<tr><td>仿生</td><td>生物能源</td><td>泛在能源</td></tr>
<tr><td>仿生</td><td>生物信息和生物计算</td><td>军事存储、
军事计算能力补充</td></tr>
<tr><td>人—武器—
环境耦合</td><td>仿生</td><td>机能增强</td><td>可改变人本性</td></tr>
<tr><td>国家安全和
国防安全</td><td>超限战</td><td>与公共健康、农业安全、
生态安全等交织</td><td>隐蔽、“低端”战争</td></tr>
</table>

二、国防生物科技发展：重大影响因素及其互动

（一）科技因素

根据技术类型的阶段划分，世界主要国家已经进入所谓的第六次技术创新浪潮。据俄罗斯总统顾问、俄罗斯科学院院士谢尔盖·格拉济耶夫预测，这一阶段将在 21 世纪 40 年代达到顶峰，大约到 2060 年结束。微电子学、纳米和分子光通信学、纳米材料及纳米结构、纳米系统技术、生物技术、纳米生物技术、信息技术、认知科学、社会人文技术，以及纳米、生

物、信息、认知技术的会聚（NBIC）被公认是其主要方向。与其他类型高科技相比，生物科技是关于生物和生命存在、发展、演化的科技，是关于人自身的内在指向的科技，与人类社会发展方向趋同。在未来，随着生物科技的革命性突破，其自然科学属性、工程学科属性、社会性属性将越发凸显和交织，深刻改变或影响人类社会对自然、对人类自身活动、对地球文明的各类观念和实践。

（二）政治经济因素

生物科技的发展是人类政治经济文明发展的缩影，受到政治经济因素的强烈驱动。纵观人类文明史，从原始社会、农业社会，再到工业社会和信息社会，生物技术的发展和崛起贯穿其中。当前，粮食不足、资源短缺、能源紧张、环境污染、气候异常、人口膨胀、贫困、疾病流行等诸多全球性难题，对人类生存和发展构成严峻挑战。现代生物技术之所以备受世界各国重视和关注、近年来蓬勃发展，并在第一、第二和第三产业领域转化应用，主要还是因为它是解决人类所面临的生存和发展问题的关键性技术之一。

（三）社会因素

生物技术是典型的两用技术，越向前发展，两用性就越突出。随着技术的普及，原本用于国计民生的生物技术被滥用或误用可能性增加。例如不负责任或不受监管的基因操纵实验，在引入新的创新元素的同时，无意或有意将 DIY 生物、各类遗传修饰生物体向环境释放，或许会给人类社会造成惨重的后果或者其他难以预计的后果，甚至改变人类社会进程。美国国家科学院《合成生物学时代的生物防御》报告强调，生物黑客利用合成生物技术制造“病原体武器”成为恐怖分子致命武器，或许只是一个时间问题。

（四）制度和治理因素

有关国家给予生物技术发展高优先级，通过内政多方位政策制度调整，加强战略竞争的硬实力。美国对新兴生物技术进行“放管服”的主要思路和举措包括明确鼓励新兴生物技术发展，加强国内生物安全源头管理、新兴生物技术产品市场化服务等。美国总统生物伦理咨询委员会《新方向——合成生物学和新兴技术的伦理问题》，美国总统科技顾问委员会《美国迫切需要制定新的生物防御战略》，美国国家科学技术理事会《美国国土生物防御领域科技能力评估》等战略报告，在强调风险管控的同时，对新兴的合成生物学、基因编辑技术及其他新兴生物科技领域实际上打开了绿灯。

（五）生物国防和国际战略竞争因素

生物科技变革的推进、生物技术的快速扩散和两用性，为生物技术的非和平用途提供了越来越先进的技术支撑和路径选择。美国历届政府高举生物防御旗帜，从小布什政府《21 世纪生物防御》、奥巴马政府《应对生物威胁国家战略》，到特朗普政府《国家生物防御战略》，内涵近似一脉相承。被誉为“全球军事科技发展风向标”的美国国防高级研究计划局（DARPA）在 2014 年正式设立生物技术办公室，预示着生物科技将成为未来科技革命和大国博弈的战略制高点。可以说，在国防生物科技这一新兴领域，谁先抢占先机和主动，谁就能谋求更大、更长远的军事技术优势，谁就能在国际军事竞争新格局、世界政治经济大变局中占据主导地位。

（六）外交因素

国际上，《禁止生物武器公约》《禁止化学武器公约》《生物多样性公约》《禁用改变环境技术公约》等国际公约履约，防范生物化学恐怖袭击，保护生物遗传资源，保护地球圈等方面面临着可以和难以预测的挑战。例如，生物武器属于大规模杀伤性武器，第二次世界大战后一直是国际军事、政治斗争的重要而敏感议题，但国际社会禁止生物武器的努力一波三折。美国特朗普政府将生物科技战略级别进行重磅提升，重提国际社会敏感的生物武器威胁，并将其等同于核、导弹防御系统等大规模杀伤性武器，一并提出并进行战略谋划。鉴于有关国家历史上对于《禁止生物武器公约》先推后拉、半拉半推、推推拉拉的态度，对照生物科技的三次巨大变革和2000年后有关国家持续投入巨资加大生物防御能力的系统研究，可以判断，有关国家对生物科技潜在军事应用抱有极大的战略耐心和战略抱负。科技外交和军事外交将是影响国防生物科技发展的一个大变量。

（七）话语权因素

战略传播与话语权方面，有关国家寻找国际体系漏洞，或先发制人进行规则制定或领域设定，加强战略威慑。美国情报界持续渲染前沿生物科技的潜在军事威胁。美国国家情报总监詹姆斯·克拉珀在2016年、2017年全球威胁评估报告中，两次将“基因编辑”列入了“大规模杀伤性与扩散性武器”威胁清单，并认为这种基因操作技术会威胁整个世界，声称“进行基因组编辑技术操作的国家所采用的法规或伦理标准不同于西方国家，因此有潜在的生产有害生物体或产品的可能性。”但与此同时，DARPA宣布对“安全基因”重大项目投资6500万美元，对国际社会高度关注的“基因组编写计划”试点投资，试图在基因编辑这一新兴技术领域建立技术制高点和生物科技话语控制权。

一般来看，科技因素是内因，是推动国防生物科技创新的动力源；政治经济因素、社会因素、生物防御是外因，是拉动国防生物科技创新的需求侧；制度因素、科技外交因素、科技话语因素，则将内因和外因统一起来，各个因素互动，形成统一体（图1）。但综合分析，从长时间跨度看（50~100年），科技因素、制度因素可能是国防生物科技创新第一推动因素；从中短时间跨度看（5～10 年），政治经济因素、生物防御需求因素则可能占主导地位。但国防科技创新的多因素互动，在未来也有可能演变出新的模式。

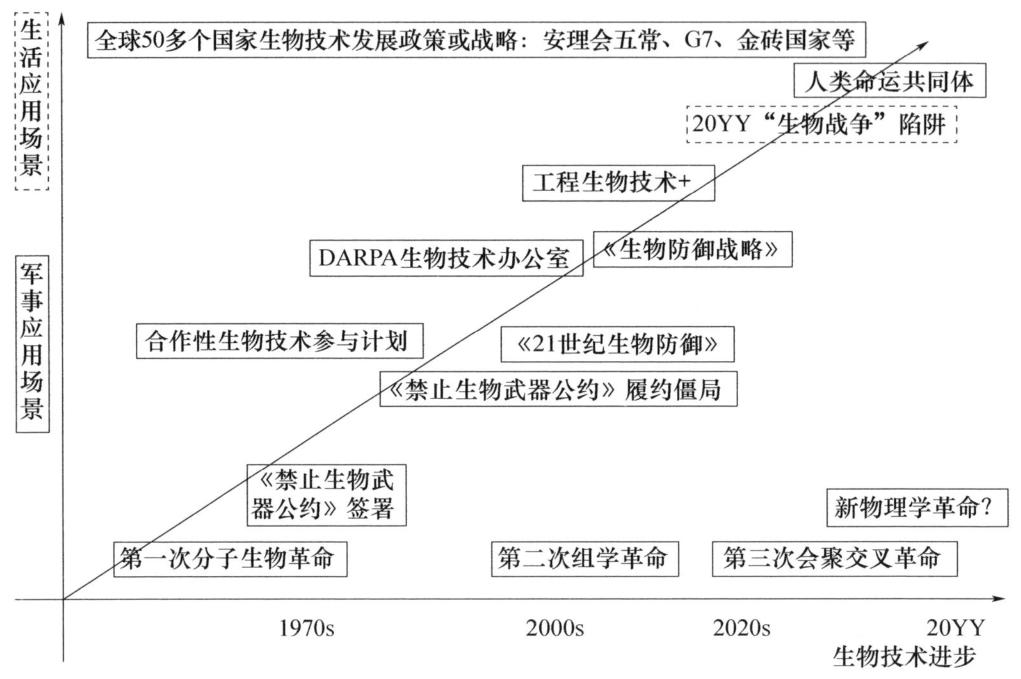

图 1　生物科技变革与经济、政治、军事等因素关系框架

三、国防生物科技演变的基本遵循

（一）循环跳跃、效能提升是国防生物科技演变的基本历史轨迹

国防生物科技与人类认识理解、操控利用生物的水平息息相关。从历史看，生物科技一直贯穿于军事斗争过程。军事科技对生物概念原理的运用重点实现三次转移，分别对应生物优势特性的一般功能仿生、生物战剂与基于生物新机理的新一代仿生。从运用方式和载体对象看，表现出整体

直接利用—仿生间接利用的循环跳跃，载体对象从军事科技物质载体向冲突主体双方延伸。早期军事斗争将“生物体”整体作为军事科技手段运用，改进了初级军事装备。近代将“生物体”的部分进化机能作为军事科技手段运用，为研制和改进飞机、雷达、振动陀螺仪等军事高科技装备提供了重要启示。生物战剂和生物武器直接将具有杀伤力的“生物体”整体作为军事科技手段，其杀伤面积效应极大，大大提升了战略威慑效果，可以说是核武器的生物版本，引发国际社会强烈反对。当前，神经科学类新概念生物武器旨在提升或削弱作战主体的态势感知、决策评估能力和作战机能，正在迅速崛起成为新兴军事科技力量。从实质原理看，军事科技对生物概念原理的运用，发源于对生物结构功能机制的不断深入的理解，表现出效能提升的特点。

（二）生生不息、巧夺天工是未来国防生物科技的典型特征

围绕“生”和“命”主题，以认识生物、模仿生物、尊重自然为主干，从生命起源与演化、遗传发育、新陈代谢、免疫调控、命运调控、脑与意识等经典生物命题，到生命过程微观结构、机制与中宏观功能、形态的贯通耦合，从单一的物质、信息模拟，再到物质、能量和信息的新融合、再融合，创生、再生、仿生、强生、共生、制生、新生等成为国防生物科技创新主题。生物科技理论与工具深度变革，开启未来生物军事斗争的“潘多拉魔盒”。系统生物学和工程生物学为综合理论指导，以高通量测序技术、高性能基因编辑技术、超高分辨率成像技术、光遗传学技术、生物大数据技术等使能工具为代表的新一代研究工具，将观测、分析、调控、还原、转化生命过程提升到前所未有的精细度，大幅度提升未来军事生物科技操控手段。生物科技研究对象全面拓展，开辟军事斗争准备的新维度。生物科技应用范围加速扩展，释放国防生物科技巨大能量。38 亿年的生物演化信息，为科技创新提供了“先天”的自然蓝图，而生命科学与工程机械、纳米科学、信息科学、材料科学、电子科学等学科不断深入的交叉，则为科技创新提供了“后天”的无限可能。研究方向别出心裁，技术路线别开生面，在诸多领域不断掀起新热点。

（三）出其不意、攻其不备是未来国防生物科技的典型应用场景

与其他高科技手段特别是信息技术和人工智能相比，生物科技具有自然性、社会性、可持续性等特性。在“快战争”制胜哲学背景下，生物科技既可以作为配角支撑武器装备研发和后勤保障，也可以独挡一面撑起“慢”战争的制胜哲学，通过对相关军事人员进行身份替换、意识转换，通过精确影响特定参战对象、生态微环境或者削弱受影响武器装备的性能，赋予既有的陆海空天电磁战争空间新的内涵，并开辟更具隐蔽性的各种未来战场“盗梦空间”，将战争化为隐身、隐性的潜伏战、持久战、超限战。正如墨菲定律指出，只要客观上存在危险，那么危险迟早会变成为不安全的现实状态。未来战争即有可能从极端复杂的自然、生态环境角落打起，也有可能从日常人类生产生活发起，形成技术突袭和战争偷袭，从而某种程度上抵消信息化高科技武器的战略地位。

（四）大国必须牢牢掌握生物防御战略主动权

从人类社会和平发展角度讲，生物科技变革是关系人类命运走向的一个新的十字路口，是人类社会命运征途中可能存在而必须跨越的生物“核陷阱”。作为一个负责任的大国，必须拥有生物国防战略主动权。保持对生物科技变革前沿的感知，提高生物科技发展方向重大议程设置能力、战略传播能力，避免战略方向被误导、空间被挤压、体系被技术突袭；保持对生物安全与防御体系的态势感知，建立稳态、高效的对重大生物事件应急反应能力，提高对生物国防发展态势的战略管控能力；必须超前谋划，在

特点新兴生物技术领域建立技术制高点，形成自己防御体系的“一招鲜”和“杀手锏”；推动国际多边条约框架下履约路线图的深入研究，加强新兴生物技术领域军控规则的政策储备等；进行未来新兴生物技术发展议程讨论、设置和对话，引导国际社会对全球生物军控新均势的认知；加强科技与社会的群体性对话，谋划可持续发展。

四、2035 年或将是国防生物科技突变的临界点

考虑到生物科技演进的速度和加速度（特别是以交叉会聚为特征的第三次生物科技变革正在加速推进）、潜在的国防和军事应用情景、国际政治经济格局动荡的幅度，可以大致推算，至 2035 年，国防生物科技发展遵循“控”“仿”“计”“探”四大趋势，实现从微观量子到宏观生态系统各个层次全面提升国防防御能力。届时，国防生物科技将完成从量变到质变的积累，迈入国防科技创新的核心地带。

（一）“控”

操“控”有机体和微生态系统，建立对生物有机体运作机理的精准认知和转化应用。国防和军事应用情景是应对新质生物武器威胁和军事人员身份危机等新型生物安全，更早、更快、更精准识别和预防潜在风险。大致方向是建构新一代工程生物学使能工具或非致命性武器，如纳米尺度生物结构（基因编辑工具）或人工机械（纳米生物机器人），在纳米—毫米—米—千米跨尺度更精确表征、模拟、控制和操控特定生物大分子（基因、蛋白质）、细胞器、细胞、生物神经网络、微生物以及人造生物颗粒、组织与器官、生态微环境的结构和功能。预计到 2035 年，实现定向功能改造或可编程逆转物种的基因组、生物体的感知功能和体能以及其他优势性状，

影响生物的时空观念和在生态系统中的生态位，进而影响特定物种的生命进程和演化进程，用于识别和防御全天候、隐蔽性更强的生物“特工队”。

（二）“仿”

千变万化的生物特性是军事科技创新的天然宝藏。国防和军事应用情景是武器装备性能持续优化，更加注重环境适应性和打击的隐蔽性、可持续性，防备“战争突袭”。大致方向是生物启发和系统生物仿生，深入挖掘充满潜力的自然设计蓝图的国防科技应用。同时，在能量仿生和信息计算仿生及其系统耦合方面还有巨大、甚至更重要的开发空间，也是特定武器装备研发方向的参照。预计到 2035 年，将有一定比例的仿生武器装备甚至生物化的武器装备，具备群体生态化配置、超越想象的感知能力、精巧的环境适应能力，实现作战目标与作战手段的双重生物启发。

（三）“计”

生物信息和生物计算技术是破解生命之谜不可或缺的手段，贯穿未来国防生物科技创新的全链条。国防和军事应用情景是锻造和发展新型感知、新型计算、新型生物学规则、新型生命形态、新型博弈理论的加速器和力量倍增器。大致方向是将生物信息和生物计算技术中的“信息”和“计算”属性进一步物质化转化，深度开发生物的信息载体属性。预计到 2035 年，突破生物大分子存储、细胞存储等特定用途的信息保藏、交换和加密应用瓶颈。DNA 计算、蛋白质计算及人工生物分子等生物分子计算、生物启发计算将得到进一步拓展，从概念证明阶段迈入原型机阶段，工程生物学的“生物设计—建造—测试—学习”周期全面加速，解析重大生物学问题的基础原理成为可能。

（四）“探”

生命起源、意识本质与物质结构、宇宙演化并列为人类四大科学难题，是军事强国战略博弈的前置性环节和天然赛场。大致方向是参照生物有机体的运作方式，进行有机体遗传物质、代谢通路、信号通路、神经通路的全人工合成、干预和调控，实现生命的半合成、生命组分的高效利用和认知记忆等高级神经功能的有意义解析。预计到2035年，具有战略监测、自主可控等国防应用价值的合成生物体，将全面迎来实验室研究水平上的高峰，而读脑、仿脑、脑控、控脑在局部场景得到应用。

五、至2050年国防生物科技发展预判

受世界秩序调整等大趋势影响，可以大致推算，至2050年，国防生物科技发展将愿景引领，演进方向将面向“人—机—环境”三元融合、武器装备多元耦合仿生、军事环境生物技术、认知革命等领域。通过技术融合和理念融合，达到人与自然、人与社会、人与自身的和谐与融会贯通，达到“以战止战”、消弭可能的生物战争。

（一）“人—机—环境”三元融合

生物的计“算”、智能属性将得到全面开发。同时，欲提升或削弱作战主体的态势感知和研判决策能力，需要将未来战士、新一代武器装备、具有高级人工智能的战争研判系统及整个国家防御体系各要素单元，以更加安全、高效的方式耦合起来，并将遵循内在系统演化规律，逐步从分散、机械整合、信息整合向集群、功能整合、人机融合转变，从人人互动向人机互动、机机互动转变，推动战争形态向体系化对抗方向演进，未来战争法则得以改写。

（二）武器装备多元耦合仿生

如果第一代武器装备仿生遵循的是功能上的类似、单元仿生法则，第

二代武器装备仿生遵循的是结构上和形态上的近似法则，那么第三代武器装备仿生遵循的是机制上的神似、多元耦合仿生法则，能够根据任务需求实现材料、形态结构与信息的最佳耦合，环境的自适应和任务/能量的高效比，弥补现有国家防御体系的薄弱环节。

（三）与地球共生的军事环境生物技术

现代高科技战争迷雾下，是不可忽视的化学污染、放射性污染、电磁辐射污染、噪声污染和可能的生物圈、地球圈和大气圈生态灾难与自然资源浪费。国防生物科技的不正确引导与生物军备竞赛，同样将诱发生态环境灾难。在联合国《禁止生物武器公约》和《禁用改变环境技术公约》框架下，围绕人类和地球未来可持续发展，具有军事价值的环境修复生物技术有望得到充分发展，人与地球实现共生。

（四）认知革命和人类新生

“生”和意识的本质取得决定性突破。特别是认知革命将成为“改变生物物种和生存方式”的分水岭事件，改变未来的战争方式和战争准备方式。标志性成果是纳米—生物—信息—认知—工程科技（NBICE）的全面汇聚和实现，实现思维与认知的理解和变革，达到“如果认知科学家能够想到它，纳米科学家就能够制造它，生物科学家就能够使用它，信息科学家就能够监控它，以及工程学家就能够操控它”，从根本上提高人类生存能力，改变生存和生活基本状态。这将驱使人类跳出生物演化的地理困境、自然环境资源的有形束缚和意识思维的无形羁绊，带来冲突观念、战争观念的新变革，全球性重大问题得到有效治理，全球政治军事经济秩序进入新一轮稳定期，人类社会跨越生物“核陷阱”得到新生。

（中国科学院上海生命科学研究院　王小理）

美国发布《合成生物学时代的生物防御》报告

2018 年 6 月 23 日，美国科学院在线发布《合成生物学时代的生物防御》报告，报告共 231 页，正文内容共 9 章。

一、报告的研究背景

为配合美国国防部的化生防御计划，美国国家科学院成立了一个 13 人组成的特设委员会，评估合成生物学时代的生物防御威胁，制定一个战略指导框架，旨在为生命科学和生物技术发展的安全风险进行评估，重点关注合成生物学的进展。特设委员会的成员来自合成生物学、微生物学、计算工具开发和生物信息学、生物安全、公共卫生、风险评估等领域。

委员会的工作时间为 2017 年 1 月至 2018 年 2 月。委员会通过对公开发表的文献和公开资源进行检索，邀请专家在公开会议上发言，网上搜集公开评论等方式搜集信息。研究分两个阶段完成：第一阶段，委员会对个人进行访谈，举行两次网络在线研讨会搜集信息，了解相关联邦部门的需求，制定评估生物防御威胁的工具，用于指导第二阶段研究。在第二阶段，委员会召开7次会议，将搜集到的数据加入框架中，对框架进行修订完善。应用该框架评估合成生物学的潜在应用风险。

二、评估框架的主要内容

评估框架包括技术可行性、武器化可能性、使用者要求和风险降低可能性4个因素，每个因素包含具体的描述内容（图1）。

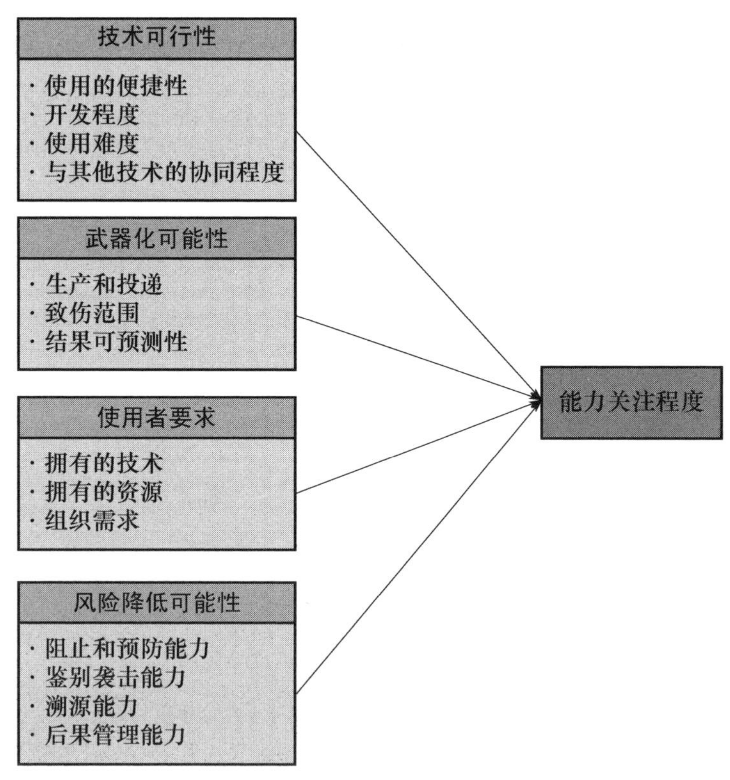

图1　相关能力关注程度的评估框架

三、框架评估合成生物学使能能力

评估的过程分为3步，该过程也可被用于评估其他生物学能力：第一步是搜集和梳理4个因素相关的能力及每个因素相关的内容，对每种能力的每个因素按照关注度从低到高进行量化打分；第二步是将该能力的各因素得分与其他能力的各因素得分进行比较，得出与其他能力相比该能力的关注度；第三步是根据前两步得出的结论，整体评估所有能力，应用框架得出相应的关注程度。

应用框架对合成生物学相关的12种使能能力进行了评估。12种能力共分为三类：病原体相关能力、化学或生物化学物质生产能力和改变人类宿主的生物武器能力。按照关注度从高到低排序将12种能力分为了5级。

第一级是关注度最高的能力，包括：重建已有致病性病毒，通过原位合成制造生物化学物质，使已有细菌更危险。这些能力基于已经被大量群体掌握的技术和知识，要降低这些能力相关的袭击风险需要依赖已有的应对措施，例如抗生素、疫苗等。

第二级是关注度中高级的能力，包括使现有病毒更危险，使用天然代谢途径制造化学物质或生物化学物质。这些能力也通过已有的技术和知识提供支持，但是可能会受生物学知识和技能水平等因素的制约。

第三级是关注度中级的能力，包括通过新代谢途径制造化学物质或生物化学物质，修饰人类微生物组，修饰人类免疫系统，修饰人类基因组。这些能力可以想象得出更具有前瞻性，但受现有的知识和技术限制。有些领域由于具有清晰明确的生物医学应用前景，正在蓬勃发展。

第四级是关注度较低的能力，包括重构已知致病性细菌，创造新病原体。这些从设计到实施都存在很大的挑战。特别是合成技术和 DNA 片段聚集技术不断发展，但是细菌合成仍在合成、操纵、导入全细菌基因组等方面存在局限性。

第五级是关注度最低的能力，包括使用人类基因驱动修饰人类基因组。该能力关注度最低的原因是通过有性繁殖在人类群体中传播基因驱动不现实。

四、研究结论和建议

合成生物学时代的生物技术拓展了美国国防部的关注领域范围。美国国防部继续推进现行的化生防御战略。这些战略在合成生物学时代仍然具有重大意义。美国国防部现在和未来还将具有应对合成生物学更广泛的使能能力。

（一）合成生物学拓展了发展新武器的可能性

合成生物学拓展了发展新武器的可能性，也扩大了开发新武器的群体范围，减少了开发所需的时间。在评估的潜在能力中，目前有 3 类最值得关注：重建已知致病病毒，使现有细菌更加危险以及通过原位合成生产有害生物化学物质。基于技术可行性，前两种能力受到高度关注。对于病原体，预计合成生物学能够扩大其产生范围，包括使细菌和病毒更有害，减少这类生物体工程化所需时间，扩大能够开展这类行动的行为体范围。关于化学物质、生物化学物质和毒素，合成生物学模糊了化学武器和生物武器之间的界限。有可能利用合成生物学以新的方式调节人体生理。合成生物学的某些恶意应用现在看来似乎不太可信，但如果克服某些障碍，则完全可以实现。

（二）国防部及其他机构应采用评估框架来评估合成生物学能力及其影响

报告认为，框架是分析生物技术发展变化非常有价值的工具。框架的使用有助于明确瓶颈和障碍，采取行动监测技术和知识进展。框架提供了在评估中纳入必要专业技术的机制。框架促进了合成生物学和生物技术领域专家以及其他领域专家（如情报和公共卫生领域）的共同参与。

（三）国防部需要制定一系列战略进行应对

许多传统的生物和化学防御应对方法对合成生物学仍然具有重要意义，但合成生物学也提出了新的挑战。美国国防部及其他机构需要新的生物武器和化学武器防御方法，应对这些新挑战。美国国防部及其在化生防御战略中的合作伙伴，应继续探索适用于广泛的化生威胁防御战略。合成生物学使能武器呈现方式的不可预测性使得对其监督和检测构成挑战。国防部应当评估美国的军事和民用基础设施，对自然和蓄意健康威胁开展基于群体的监测、识别和通报。美国政府应该与科学界合作，考虑比当前的管制生物剂清单、访问控制方法更好的风险管理新策略。

（四）未来可探索领域

21 世纪是生命科学的世纪。合成生物学时代的生物技术呈现出“两用性困境”。虽然目前的化生防御和公共卫生应对方法仍然很有价值，但也存在明显的局限性。建议就以下几个方面进行探索，以解决合成生物学所带来的挑战：①提高以不同寻常方式呈现的合成生物使能武器的检测能力。②利用计算方法来降低威胁。随着合成生物学对计算设计和计算基础设施的依赖程度越来越高，计算方法在预防、检测、控制、溯源中的作用将变得越来越重要。③利用合成生物学推进检测方法、药物、疫苗和医学应对措施的开发。

（军事科学院军事医学研究院卫生勤务与血液研究所　李丽娟）

美国《国家生物防御战略》简介与分析

2018 年 9 月 18 日，美国政府正式推出《国家生物防御战略》（以下简称《战略》），同日特朗普总统签署《国家安全总统备忘录》，从国家战略高度诠释了美国政府如何更有效地监督、协调、管理其与国内工业界、学术界、非政府实体和私营部门，以及国际盟友与伙伴等共同参与，从评估、发现、预防、准备、应对和恢复等环节开展生物防御工作。

一、背景情况

进入 21 世纪，特别是发生炭疽恐怖袭击以来，美国在持续重视生物武器的基础上，逐步提高对生物恐怖威胁的关注度。近年来，重大传染病疫情接踵而至，甚至与生物恐怖联系在一起，进一步绷紧了美国政府神经，无论执政党如何更迭，对生物防御重视与日俱增。2004 年，小布什政府颁布《21 世纪生物防御》行政令，确立了美国生物防御体系的总框架。2009 年，奥巴马政府发布《应对生物威胁国家战略》，将生物防御上升到国家安全高度。2012 年，奥巴马政府又发布《生物监测国家战略》，将生物监测作为维护国家生物安全的首要环节。特朗普上台后，充斥着“美国优先”和“鹰派思维”的国会两院要求制定新战略，更有效地预防、准备和应对生物威胁，提高国家生物安全治理体系和治理能力，统筹协调各类政策和预算。特朗普政府顺势而为抛出《国家生物防御战略》，以此回应国会关切，并向选民宣示政绩。特朗普同日发布推特称，“今天我采取行动加强了我们国家对生物威胁的防御。有史以来第一次，联邦政府制定了国家生物防御战略，以全面应对生物威胁!”

该《战略》由国防部、卫生和公众服务部、国土安全部、农业部共同起草，设定了五大目标：一是增强生物防御的信息辅助决策能力，包括收集和评估生物安全情报、监测预警、风险评估等信息；二是提高生物威胁防范能力，包括自然发生传染病防控、全球卫生防疫、生物武器及相关材料与递送工具防范、生物安全相关项目监督等；三是确保做好应急准备，包括生物防御科技创新、医疗措施强化、生物事件预防、生物事件事后恢复、及时公共沟通与安抚、生物事件污染消除、境内和国际合作等；四是提升快速反应能力，包括共享信息、协调各级政府机构的反应行动、调查与追责、及时准确通告；五是提高快速恢复能力，包括关键设施恢复、尽快摆脱生物事件危害效应、减轻生物事件长期影响、减小生物事件国际连锁反应等。

《备忘录》就《战略》组织实施的领导机构、各机构协调合作事宜等作出具体安排：一是要求各相关部门，在制定本部门预算和规划时将《战略》及相关行动置于优先地位，与其他部门协调制定和实施本部门生物防御政策并酌情进行信息共享，负责监督和实施本部门的《战略》实施情况，每年就生物防御优先领域等发布政策指南供各部门制定预算时参考。二是在总统领导下，国家安全委员会统筹协调，设立由卫生和公众服务部作为牵头机构的内阁级生物防御指导委员会，负责监督和协调《战略》的实施；委员会由卫生和公众服务部部长担任主席，成员包括国务卿、国防部长、司法部长、农业部长、退伍军人事务部部长、国土安全部部长、环境保护局局长等，具有生物防御责任或能力的其他部门负责人酌情参加。三是要求《备忘录》发布2个月内在卫生和公众服务部设立生物防御协调小组，协助指导委员会开展工作，小组组长由卫生和公众服务部高级官员担任，向指导委员会主席负责；协调小组在《备忘录》发布3个月内与国家安全委员会合作，就《战略》的实施目标、各部门职责等情况提交报告；在协调小组成立1个月内以及每年制定年度预算时，指导委员会主席可向各相关部门发文要求其提供执行《战略》的方案、行动等资料，相关部门在收到发文2个月内以备忘录形式提交给指导委员会、协调小组、国家安全委员会、白宫行政管理与预算局。

二、内容分析

该战略是美国有史以来最完整的一份全面应对各类生物威胁的行动纲领，重点突出“全”的理念，主要体现在以下三方面。

（一）在指导思想上，“全领域”治理生物威胁

2009年以来，美国经理论与实践反复互动，基本确立了以“大生物安全观”为特征的全领域国家生物安全概念，构成贯穿本战略的一条基本主线：一是生物威胁的性质复杂难测。无论自然发生、还是人为故意或是意外发生的生物事件，均属于生物威胁范畴，目前难以快速定性。自然发生的疫情无国界，蓄意或意外生物威胁无处不在，致病微生物的“旅行”也无需“签证”。二是生物威胁的来源包罗万象。人类、动物、植物和环境等各部分相互关联，任何一部分发生疫情都会很快波及其他部分乃至整体，触发“牵一发而动全身”的“蝴蝶效应”。人类传染病中至少75%病原体来自动物，动植物疫情也可重创人类社会经济基础。无论生物威胁源自何处，都可能对人民健康、经济繁荣、环境和谐、社会稳定带来灭顶之灾。三是生物威胁的治理需要群策群力。应对生物威胁是一种“整体政府责任”，任何一个部门都孤掌难鸣，必须“全国一盘棋”通力合作。战略要求在内阁设立“跨部门”委员会，由卫生部长牵头，吸纳外交、国防、司法、农业、退伍军人事务、国土安全、环保等几乎全部内阁部门领导，协调美国各领域生物防御活动。

（二）在战略布局上，“全维度”聚焦生物防御

既然生物威胁是全领域的，那么在生物防御战略布局上，必须吸纳最广泛力量结成“统一战线”：一是统筹考虑国际局势和国内形势。当今世界高度互联，技术全球化和贸易全球化带来生物风险全球化，一国发生生物事件可迅速蔓延到其他国家，产生深远国际影响。《战略》指出，仅靠美国国内行动不足以保护美国人民健康和安全，需要建立具有全球影响力的强大生物防御体系。美国与国际社会一道共同承担这一重任，拿出有效的集体解决方案。二是广泛协调政府部门和非政府部门。国家生物防御既是各级联邦政府的重要使命，也是全社会的共同责任。战略不仅明确了联邦政府的主体责任，还要求州政府和地方政府积极参与，并强调与非政府组织和私营部门广泛接触。三是内外兼顾军队力量和地方力量。战略虽然规定由卫生部牵头协调全国生物防御活动，但军队在国家生物防御体系中的核心地位十分突出。从法律依据上看，这份战略是遵照《2017 财年国防授权法案》要求量身定制的，从贡献大小上看，国防部在战略起草过程中是主要牵头单位，从主责监管上看，国会相关军事委员会主要负责审议战略内容及实施效果。

（三）在危机应对上，“全链条”处置生物事件

应对各类生物事件是一项复杂系统工程，即要具备全面的能力体系，又要打造完整的应对流程。一是能力体系建设要“全覆盖”。《战略》指出，从政策制定、科技支撑、能力提升、设施建设等方面全面建设国家生物防御体系。政策制定就是从国家、部门、地方等不同层面制定一体化政策体系，将生物防御置于优先地位，并给予预算倾斜。科技支撑就是确保充满活力和创新的生物科技与医疗产品，捍卫美国在此领域的绝对领先地位，同时防止两用技术滥用。能力提升包括预防、发现、应对各类生物事件的管理体系和专业力量，以及威慑遏制战略对手的国际话语权和领导力。设施建设就是建设强大的公共卫生基础设施，包括生物监测设施、生物安全实验室、情报信息共享平台等。二是应对流程要“全要素”优化。战略指出，从决策支撑、威胁防范、应急准备、快速应对、影响恢复、信息共享等方面打造环环相扣的生物威胁应对链条。决策支撑包括监测预警与风险评估，是应对生物威胁的首要前提。威胁防范包括消除隐患和预防危机，是防患于未然的必然要求。应急准备包括机制建设、科技创新、基础设施、物资保障等，是立于不败之地的根本保证。快速应对包括行动实施和溯源调查，是最大限度减少损失的防御盾牌和反击利剑。影响恢复包括消除对社会、经济和环境的不利影响，是阻断负面连锁效应和远后效应的核心依托。信息共享贯穿于上述各个重要环节，是确保国家生物防御体系高效运转的润滑剂和增效剂。

三、主要判断

（一）与美国国家安全战略一脉相承

美国2018年《国家安全战略》认为，对美国构成威胁的主要因素包括

核与放射、化学、生物等武器或有害物质的攻击，有组织的恐怖活动，毒品与人口非法交易，以及各种自然灾害等，首要目标是保护“美国人民、美国国土、美国生活方式”，其中一个重要组成部分就是通过从源头检测和遏制生物威胁、支持和倡导生物医学创新负责任行为，以及提升生物危害应急响应来实现目的。《战略》在政策导向上与《国家安全战略》保持高度一致，首先是基于“美国优先”安全观，凸显了美国政府保护美国人民和美国生活方式的承诺，将蓄意生物武器攻击、意外生物危害、新发突发传染病等各类生物安全威胁统筹考虑，为有效应对各类生物威胁制定了明确的途径和目标，从国家层面建立覆盖所有相关部门的威胁预防、检测和应对机制。其次是凸显“共同应对”：一方面提出联邦政府、州、地方、地区、非政府实体、私营部门中的从业者、科学家、医生、教育工作者等共同参与生物防御工作；另一方面多次提及“伙伴”，要求外国政府和国际组织要加强对生物事故的承诺、准备和应对能力，更加强调与伙伴的责任分担。

（二）美国生物安全战略理论发展到更高阶段

美国率先将生物安全纳入国家安全战略，不断完善其生物安全战略理论。2004 年，布什政府发布《21 世纪生物防御》，确定了美国生物防御威胁评估、预防保护、监测检测、应对恢复等主要目标和措施。2009 年，奥巴马政府发布《应对生物威胁国家战略》，阐述了政府对生物威胁的判断以及应对策略的选择，将防范生物恐怖与传染病防控有机结合，强调全球疫情监控。随后又陆续发布《生物监测国家战略》（2012）、《国家生物监测科技路线图》（2013）、《生物应对和恢复科技路线图》（2013）、《合成生物学时代的生物防御》（2018）、《美国生物安保和生物防御政策路线图》（2018），进一步明确生物防御在国家安全中的地位，以及生物防御能力的发展目标和实现途径。本次特朗普政府发布的《战略》，是对前期不同阶段生物安全战略和政策执行时经验教训的总结和提炼，首次着重强调生物威胁多样化和复杂化、各类生物威胁统筹考虑、多部门协同应对、多学科技术手段综合运用、国际共同承担责任和分担任务，是美国生物安全战略理论发展的更高阶段。

（三）高度关注前沿生物科技发展

生物科技的迅猛发展，及其与纳米、信息、能源、材料等领域深度交叉融合，极大地推动了生物安全科技发展。《战略》指出“生物科技的进步降低了生物武器研发技术门槛，增加了掌握这些技术的人员数量”，折射了美国强烈的不安全感，意识到生物技术发展使得现有生物防御体系变得不再可靠，但是隐藏在背后的更重要的是美国担忧自己失去在生物科技领域的绝对主导地位。另外，《战略》以保护美国公民健康为由，由卫生和公共服务部而不是国防部牵头组织实施，这么做并没有改变生物安全攸关国家安全的这一根本性质。从2017年特朗普政府宣布将制定《战略》以来，美国国防高级研究计划局全面推动基因编辑、基因驱动、传染病防控新技术等领域的前瞻布局，年投入经费近6亿美元，约占其年度总经费的1/5，旨在“改变游戏规则、创造游戏规则”；美国高端科技智库在合成生物学、生物安全监测计划、未来生物技术监管等方面开展大量研讨，试图引导前沿生物安全科技发展方向；《合成生物学时代的生物防御》提出，美国政府应密切关注合成生物学这个高速发展的领域，就像在冷战时期对化学和物理学的密切关注一样；DARPA 60周年庆中，与会专家围绕生物反制、安全生物学、新型生物传感系统等新概念技术展开热烈研讨。

（四）加剧生物安全国际竞争博弈

透过《战略》可看出，美国积极抢占先机，获取全球生物安全信息资源，主导全球生物安全治理，打造全球防御，力图成为游戏规则制定者。英国、俄罗斯等西方大国也不甘落后，纷纷将生物安全上升到国家战略安全高度，生物安全国际竞争博弈日趋复杂激烈。7 月，英国发布首部《英国生物安全战略》，评估了自然疫情、实验室事故和蓄意攻击三大生物安全风险，加强内部协调，支持前沿生物科技发展，设立应用学和生物科学研究理事会，每年科研经费超过 3 亿欧元。俄罗斯近期发布了《2025 年前保障化学和生物安全纲要》《2015—2020 年化学和生物安全国家规划》，正加紧制定《生物安全法》《生物收集法》，普京总统在年初提出未来 6 年生物安全为“最高任务”。德国将传染病定性为国家生物安全威胁。法国组建生物安全咨询委员会，全面应对各类生物风险。

（军事科学院军事医学研究院卫生勤务与血液研究所　刘术）

（军事科学院军事医学研究院微生物流行病研究所　周冬生）

美军发布《生物医学研发总体战略》

2017 年 12 月，美国国防部发布首个针对军事医学领域的总体战略——《生物医学研发总体战略》。2018 年 8 月，美国国防卫生局项目研发部主管约瑟夫·科恩在美军卫生系统研发会议上对该战略进行了系统阐述，并强调了其对美军未来联合作战的重要意义。本文对《生物医学研发总体战略》的目标、内容及特点等作解读分析。

一、战略目标

《生物医学研发总体战略》的目标是：推动整个国防部系统的生物医学研究协调与协同发展，提供促进美军士兵强健所需的灵活、统一、创新的生物医学解决方案，确保军队在未来联合作战环境中顺利履行国防部任务职责。

（一）推动军事医学科技创新

全球化以及信息技术的扩散，对美军在军事行动中保持优势和应对健康威胁提出严峻挑战。美军针对历次战争中军队卫勤保障所暴露的一系列问题，积极探索生物医学研发的理论和方法创新，实现信息技术产品和新型物资装备在战场上的应用。通过创新发展战时卫勤信息化系统建设，开发新型复苏液和药物释放系统，研制医疗机器人后送车辆等远程医疗野战化装备，最大限度地满足美军各作战司令部的军事医学需求，帮助军队在未来联合作战军事行动中取得成功。

（二）增强军事医学战备能力

冷战结束至“9·11”之前，美军对军队人员的裁减和战备能力削弱，导致“9·11”后美军在作战和联合军事行动中进行了深刻反思。美军认为，因国家军费预算减少而放弃以往战场来之不易的经验教训，将会面临巨大且不可承受的风险。战备能力是确保其在任务领域实现最高效能的重要保障，对作战人员尤其是战场医务人员进行生物医学知识和技能培训，开发战场医疗救治、化生威胁应对、心理弹性增强等核心技术产品，将大幅提升美军在未来战场上的作战效能。

（三）实现军事医学全维保障

美军认为，信息化战争呈现的杀伤强度大、作用时间长、伤亡机理复杂、新伤类伤型多、战伤救治难度大等特点，使得传统的以战伤救治为核心的保障模式已经不能适应21世纪联合作战的需求。美军军事医学发展必须视军人为最重要的武器系统，为作战人员提供多层次的医疗卫生保障，强调强健促进、伤病预防、战救勤务并重。通过研发生物制品、预防和治疗药物、疫苗等生物医学产品，并应用于受伤地点、后送途中、治疗和康复等救治阶梯，将最大限度地减少致伤率和致死率，实现全寿命、全方位的战场医疗保障。

二、主要内容

《生物医学研发总体战略》的主题是“面向未来军队的医学创新”。美国国防部希望通过促进跨军地、跨兵种、跨部门研发合作，为作战人员提供更快、更有效、更具成本效益的军事医学解决方案。

《生物医学研发总体战略》重点关注 7 个关键科技领域：①生物医学信息技术。加强军事医学建模、模拟训练，开发战伤救治训练、医疗战备训练、健康教育和医学教育工具，实现生物医学解决方案和研究成果向实战转化。②军队传染病研究。向部队提供有效、高效的传染病防护与治疗手段，使作战人员免受自然发生的、已知的、可预测的传染病威胁，提高部队的全球作战能力。③军事作业医学研究。在军事行动及训练中，制定心理健康与弹性恢复、损伤预防与缓解、环境健康与防护、生理健康与效能增强等干预措施，促进军人健康和效能提升。④战伤救治。实现从受伤地点、后送途中到医疗机构的全程救治，包括创伤性脑损伤治疗、出血控制、复苏和血液制品研发，以及途中救治、前沿外科手术与重症救治。⑤辐射医学防护。研发新型辐射防护材料与装备，制定急性放射病损伤的防护策略，提高辐射暴露环境中的医疗防治能力。⑥临床与康复医学。开展神经肌肉骨骼损伤康复、辅助装置研发，疼痛（战场疼痛、急性疼痛、慢性疼痛）管理，再生医学研究，对伤残军人进行肢体重建、康复和治疗，使其重返岗位，提高生活质量。⑦化生医学防护。针对化生威胁、新发突发传染病威胁，进行预防、治疗和诊断产品的研究、开发、测试和评价，提高作战人员应对相关威胁的能力。

三、特点分析

通过实施该战略，美国国防部加速研发生物医学防治产品，以满足未来联合作战环境下部队对军事医学提出的更高要求。该战略主要有以下特点：

（一）注重解决军队医疗健康领域的关键科技问题

美国国防部在对军事行动部署前、部署中和部署后涉及的生物医学问题进行系统梳理分析的基础上，重点开展军事作业医学、战伤救治、核化生医学防护等领域的技术和产品研发。如伤病员联合后送与运输平台、疟疾和登革热疫苗研发、高海拔和高寒高热极端环境的作战效能优化、野战外科医疗救治、疼痛管理和再生医学研究等，具有很强的针对性和实用性，有利于大幅提升作战人员在未来战场上的医学保障能力。

（二）推动信息技术在医学模拟训练中的应用

美军为保持战斗力、减少战斗伤亡、节约训练成本，大力推动模拟信息技术的发展，研制出多种模拟训练系统。如外科手术虚拟训练系统、交互式多媒体虚拟患者系统、胸部创伤救治模拟训练系统、院前急救批量伤员检伤分类虚拟现实系统等，极大提高了美军的医学教育水平和战伤救治能力。此外，基于大数据和人工智能的战场医学辅助决策系统研制、卫勤指挥模拟仿真研究等也是信息技术应用的重要领域。

（三）重视战场条件下核化生医学防护及救援

美军在《野战手册》中强调指出，核生化武器对没有受过训练、没有准备、没有得到警报的参战军人的伤害最大。在核化生战场环境下，美军从单兵到集体，从作战单位到医疗单位，都采取了严密的防护措施。如单兵进行了防核化生武器攻击的严格训练，接种了天花疫苗和炭疽疫苗，配备了解毒药物、个人防护、急救和侦察器材；部队配备了各种核化生威胁监测装备，采办了先进的防护掩体和展开型防护医疗系统，大幅提高了参战部队的核化生医学防护能力。

（四）强调军民科技融合在提高成果向实战转化中的作用

美国国防部在该战略中指出，生物医学研发管理应重点转向国防部系统内部与外部、军队与地方优势单位之间的协调和合作，以满足对大范围部署且必须快速集结的部队提供医疗卫生保障等需求。通过与联邦部门、私营企业、学术界等生物医学群体保持联系，了解掌握生物医学科技发展前沿及其军事应用潜力，不断推动军民科技融合发展，将有效提升生物医学研究的成果产出及向实战转化的效率。

（军事科学院军事医学研究院卫生勤务与血液研究所　张音　王磊　楼铁柱）

美国发布《应对大规模杀伤性武器恐怖主义国家战略》

2018 年 12 月10 日，美国白宫发布《应对大规模杀伤性武器恐怖主义国家战略》（下称《战略》），提出应对大规模杀伤性武器恐怖主义战略目标及其实施举措。

该战略是首个全面公开描述美国政府如何应对大规模杀伤性武器恐怖主义的战略，是为防止“伊斯兰国”等极端恐怖主义组织对美实施大规模杀伤性武器所采取的决定性措施。《战略》旨在实现最终的美国国家状态：显著降低恐怖分子利用大规模杀伤性武器攻击美国的风险；评估并改进美国及盟友的大规模杀伤性武器恐怖主义防御能力，做好应对未来大规模杀伤性武器攻击的准备；推进打击大规模杀伤性武器恐怖主义的全球责任制度化。

一、形势判断

从“9·11”恐怖袭击到伦敦、巴黎、马德里、整个中东和世界各地的暴行，恐怖分子已对全人类构成极大威胁。恐怖分子希望使用更致命手段实施大规模杀伤，多个组织和个人试图研制和部署大规模杀伤性武器。“基地”组织希望制造核武器，ISIS在中东已使用硫芥末等化学武器，恐怖主义组织已明确表示希望获取和使用大规模杀伤性武器，并对美国部署大规模杀伤性武器。有些国家实施的秘密化生武器计划在恐怖活动频繁地区，易造成武器、材料或技术人员落入恐怖组织，加大大规模杀伤性武器制造风险。

技术进步和全球发展降低了恐怖分子获取大规模杀伤性武器的难度；裂变材料库存增加以及全球民用核能的振兴，为恐怖分子获取核武器材料提供了机会；新技术使裂变材料更易生产与规避检测；生物技术进步可产生灾难性病原体；无人机可使生物制剂武器化施放更便利。大规模杀伤性武器威胁变得越来越严重，需采取全面战略保护美国及其利益免受大规模杀伤性武器威胁。

随着大规模杀伤性武器恐怖主义威胁演变，美国必须发展大规模杀伤性武器防御能力。应努力击败恐怖主义意识形态，将大规模杀伤性武器及相关材料和专业知识置于恐怖分子无法企及的范围，降低大规模杀伤性武器落入恐怖主义组织的可能性。美国将确保拒止恐怖主义对其外交政策、民族和生活方式的改变。因此，美国政府制定了《战略》，减少恐怖分子使用大规模杀伤性武器攻击美国的风险。

二、战略意图

《战略》与美国《国家安全战略》一致，是对《国家反恐战略》的补充，侧重于美国政府应对大规模杀伤性武器恐怖主义威胁的办法。《战略》

强调须继续对恐怖主义集团施加压力，加强世界动荡地区安全，寻求增加外国伙伴间的责任分担。

本《战略》与以往不同的是突出表明美国政府应对大规模杀伤性武器恐怖主义威胁的大胆创新方法。《战略》由3个核心要素组成：一是美国将领导全球拒止恐怖分子获取大规模杀伤性武器及其相关材料；二是美国将对企图获取和使用大规模杀伤性武器的恐怖主义组织施加持续压力，包括以恐怖主义大规模杀伤性武器专家和协助者为目标；三是美国将加强对国内外大规模杀伤性武器威胁防御。

为应对不断变化的大规模杀伤性武器威胁，美国将充分利用盟友和伙伴国能力，将大规模杀伤性武器、运载系统及相关材料和专业知识置于恐怖分子无法企及范围。采取的方法包括：外交外联，降低威胁和外国能力建设方案，信息与技术出口管制，促进国际条约与规范，经济制裁，侦查和阻截等情报收集和执法行动，在适当情况下使用美国及盟国的军事力量。此举将加强美国国内防御，确保美国的和平与安全。

三、战略目标与具体措施

《战略》将最终降低恐怖分子利用大规模杀伤性武器攻击的可能性，实现系列战略目标：一是将大规模杀伤性武器相关制剂、前体和材料等置于恐怖分子和恶意非国家行为体无法企及范围，减少全球大规模杀伤性武器相关材料数量；二是拒止国家和个人支持恐怖分子的大规模杀伤性武器制造；三是建立有效探测和击败恐怖主义大规模杀伤性武器的网络架构；四是加强美国大规模杀伤性武器恐怖主义防御，加强地方各级政府应对大规模杀伤性武器威胁准备；五是查明和应对恐怖分子发展、获取或使用大规模杀伤性武器的技术趋势。要实现这些战略目标，需开展一系列反恐和打击大规模杀伤性武器活动，从打击个别恐怖分子到加强美国防卫以及国际安全。这些活动概括如下：

（1）拒止恐怖分子接触危险材料、制剂和设备。为确保恐怖分子不能获得制造大规模杀伤性武器的能力，美国将优先使大规模杀伤性武器相关材料、技术和专业知识置于恐怖分子和恶意非国家行为体无法企及的范围。美国将与伙伴国和国际组织合作，通过分享专业知识，建立有效和可持续的基础设施、人力资本和监管框架，提高大规模杀伤性武器相关材料、技术和知识的安保能力。说服非伙伴国家履行国际法规定义务，防止大规模杀伤性武器威胁。美国将利用《化学武器公约》在国际化学武器规范制度方面发挥领导作用；制定《国家生物防御战略》，防止意外、自发生物威胁和事件，减少影响，促进生命科技的创新和合法使用，防止非法获取设备、专业知识和致病材料；制定《综合核安保战略》，力求消除或减少核材料的多余储存，加强核材料安保，防止恐怖分子的非法贩运与资助。

（2）侦查并挫败恐怖分子的大规模杀伤性武器阴谋。在限制全世界危险材料供应的同时，美国将消灭寻求或发展大规模杀伤性武器的恐怖分子。通过情报收集、数据共享与分析、技术检测、执法和其他拦截能力，发现大规模杀伤性武器恐怖阴谋；对情报收集和目标情报行动进行排序，发现并击败企图对非冲突区以及美国本土进行大规模杀伤性武器袭击的阴谋；利用旅行、乘客和生物识别数据库，跟踪与大规模杀伤性武器相关的个人流动，使用数据分析识别与技术，发现非法采购、非法金融交易和与恐怖主义旅行相关威胁；与海外合作伙伴合作，扣押或销毁恐怖分子的大规模杀伤性武器相关设施与材料，降低恐怖分子的大规模杀伤性武器袭击能力。

（3）降低恐怖分子的大规模杀伤性武器技术能力。美国将指导反恐行动，防止恐怖分子制造大规模杀伤性武器的相关专家和管理人员威胁美国及其利益；防止恐怖主义组织补充技术人员或获得大规模杀伤性武器技术专长；继续与世界各地的科学家、学者、技术专家和国际组织合作，制定自愿行为准则，审慎出版可能导致大规模杀伤性武器的相关研究报告；利用一切工具阻止恐怖分子使用互联网、社交媒体和其他数字平台，获取或传播大规模杀伤性武器相关信息。

（4）实行威慑策略，全方位遏制对大规模杀伤性武器恐怖主义的支持。美国将识别策划、实施或促进大规模杀伤性武器恐怖主义的人员，使其意识到支持大规模杀伤性武器恐怖主义的成本远超预期好处；继续提高恐怖主义袭击的核化生威胁来源的法医鉴定能力，查明大规模杀伤性武器恐怖主义来源并阐明法律后果，遏制敌对政府和个人对大规模杀伤性武器的支持；通过制裁和揭露活动等手段阻止个人和机构协助、教唆大规模杀伤性武器恐怖主义；与外国合作伙伴和机构合作，制定针对和惩罚大规模杀伤性武器恐怖主义协助者的法律框架，在合法和必要时单方面采取行动。

（5）推动反大规模杀伤性武器恐怖主义斗争全球化。美国认为，大规模杀伤性武器恐怖主义威胁是对全人类的威胁，国际合作伙伴须承担抵御大规模杀伤性武器威胁的辅助责任。美国将确保敏感设施安全，提供适当设备、培训和援助，创建可持续性全球防御；鼓励外国政府制定法律法规监控并拦截相关材料与设施；与外国情报、执法、海关以及财政和教育部门合作，调查和摧毁与恐怖主义团体有联系的非法贩运网络和犯罪组织；加强国际规范，与国际大规模杀伤性武器相关核查机构合作惩罚规范外国家行为。

（6）加强美国对大规模杀伤性武器恐怖主义的国家防御。美国已建立拒止大规模杀伤性武器恐怖主义袭击的“纵深防御”，已实施系列核武器材料相关侦查与打击方案，全球部署辐射探测器，将继续大规模杀伤性武器的风险分析；在全国战略部署了系列技术侦察、执法和情报等能力，拒止恐怖分子袭击美国；保留专门技术和装备来定位、拦截和拒止大规模杀伤性武器，可迅速部署并应对大规模杀伤性武器威胁；加强美国应对大规模杀伤性武器袭击的能力，减少伤亡并迅速恢复。

（7）加强美国地方各级政府应对大规模杀伤性武器恐怖主义的准备。美国成功应对大规模杀伤性武器威胁取决于各级政府的应对能力，将继续提高大规模杀伤性武器认识，加强各级政府的信息共享、培训和设备支持，建立地方政府的应对大规模杀伤性武器能力；培养公众应变能力，减轻心理影响，继续开展应对大规模杀伤性武器恐怖袭击的教育活动，鼓励大规模杀伤性武器袭击后采取合理行动；强调适用于各种攻击模式的备灾能力，确保美国对当前和未来危险的弹性应对。

（8）避免技术突袭。美国将重视未来新型大规模杀伤性武器的可能性。未来大规模杀伤性武器威胁可能来自新能力、现有技术障碍降低以及新技术组合。美国将利用情报界、国家实验室和其他科技中心的最新成果，加强公共和私营部门合作，利用机器学习和人工智能等先进能力识别未来趋势。

四、特点分析

（1）强调美国在打击大规模杀伤性武器的全球领导地位。《战略》强调打击大规模杀伤性武器恐怖主义运动的全球化性质。盟友伙伴须承担一定责任，美国将协助并加强盟国的打击大规模杀伤性武器恐怖主义能力，包括设施、设备、培训和援助，建立可持续的全球防御系统，制定相关法律法规保证边境安全等。利用国际条约约束相关恐怖主义行为。利用《化学武器公约》限制化学性大规模杀伤性武器，尤其强调了美国在禁止化学武器国际规范制度化方面的领导作用。在禁止生物武器方面使用“鼓励其他国家遵守生物武器公约”一笔带过。

（2）强调建立探测大规模杀伤性武器的网络架构和侦查能力。本次《战略》重视大规模杀伤性武器的情监侦网络架构建设，将利用数据分析确定大规模杀伤性武器相关的技术、采购、交易等趋势，并进行设施摧毁。《战略》强调完善恐怖袭击的溯源能力，提高溯源的准确性和及时性，并依法追究责任，打击全球的大规模杀伤性武器恐怖主义的支持活动。

（3）加强国际合作，拒止恐怖分子获取大规模杀伤性武器材料技术和知识等。《战略》在3个措施中都强调与伙伴国和国际组织和相关科研人员合作，提高危险材料的安保能力，建立有效可持续的设施、人力和监管框架。在核生化武器方面都与国际盟友合作，进行相关武器材料、设备和知识的管控以及减少储备等措施。与世界各地的科学家、学者、技术专家和国际组织合作，制定科学家行为守则，负责任地出版可能实现大规模杀伤性武器的研究报告，拒止恐怖分子使用互联网、社交媒体和其他数字平台获取或传播大规模杀伤性武器相关信息。

（军事科学院军事科学信息研究中心　薛晓芳）

军队特需药品研发进展

军队特需药品是军队用于防治战伤和军事特殊环境引发疾病的药品和疫苗产品，是军队乃至国家应对重大卫生安全事件的战略物资，历来受到各国军队高度重视。从 2017 年末到 2018 年，军队特需药品在近年流行的新发传染病和传统生物武器病原体研究方面取得突破，另外美国国防部经过多年努力建成首个军队特需药品军民协同产研基地，为军队特需药品的生产和研发提供了新的军民协同模式。

一、军队特需药品产品进展

（一）美军寨卡疫苗研发取得重大进展

2017 年 12 月 4 日，美国国立卫生研究院（NIH）宣布，其与华尔特里德陆军研究所（WRAIR）共同资助、并由后者研发的寨卡疫苗 I 期临床试验获得成功。该疫苗名为 ZPIV，为寨卡病毒灭活疫苗，使用铝佐剂，接种方法为肌肉注射。临床试验共有 67 名成人受试者，在 4 周内进行两次相同剂量疫苗的接种，其中 55 人接种寨卡疫苗，12 人接受安慰剂。接种后，研究人员定期检测受试者的血液样本，结果发现接种完疫苗到第四周时，90%受试者的血液里检测到了寨卡病毒抗体。研究人员随后使用受试者体内提取的寨卡病毒抗体进行了小鼠试验，发现其可以有效预防小鼠寨卡病毒感染。

（二）美国将埃博拉疫苗与药物纳入国家战略储备计划

2017 年 10 月 2 日，据美国卫生与公众服务部（HHS）传染病研究和政策中心官网报道，美国第一轮生物盾牌计划资助的两种埃博拉疫苗和两种埃博拉药物纳入国家战略储备计划，包括默克公司的单剂量疫苗、强生公司的免疫增强疫苗、马普公司（Mapp）的单克隆抗体和雷杰纳荣公司（Regeneron）的单克隆抗体。生物盾牌计划还将投入 1.702 亿美元，用于下一阶段开发、购买 113 万份疫苗和不定数量的抗体药物。

默克公司单剂量疫苗前期接受了美国国防威胁降减局（DTRA）3920 万美元资助，用于研发单剂量疫苗 VSV－EBOV。该疫苗在西非的 III 期临床表明效果良好，并已经用于临床使用。强生公司免疫增强疫苗前期已接受生物盾牌计划 4470 万美元资助，包括 Ad26. ZEBOV 和北欧巴伐利亚公司（Bavarian Nordic）的 MVA－BN－Filo 两个成分。该疫苗已在欧、美、非多地开展临床试验。马普公司的单克隆抗体前期接受生物盾牌计划 4590 万美元资助，该抗体是 3 种单克隆抗体混合物，已经在西非埃博拉疫情期间使用。雷杰纳荣公司的单克隆抗体前期接受生物盾牌计划 4040 万美元资助，该抗体 REGN3470－3471－3479 也是 3 种单克隆抗体混合物，但是采用了该公司独有的中国仓鼠卵巢细胞专利技术，能够快速开发候选药物和快速扩大规模生产。

此外，美国 Ology 生物公司 8 月 17 日宣布，其与国防高级研究计划局（DARPA）、国防部化生放核防御联合项目执行办公室等军方机构签署协议，帮助生产供应埃博拉单克隆抗体，协议涉及金额为840万美元。即将投入生产的埃博拉单克隆抗体名为mAb114，由美国国立过敏与传染病研究所（NIAID）下属的疫苗研究中心研发。根据合同，Ology公司应将埃博拉单克隆抗体相关生产技术转让给国防部军队特需药品军民融合产研基地（DoD MCM ADM Facility）。国防部军队特需药品军民融合产研基地位于佛罗里达阿拉楚瓦，设有一所生物安全三级实验室，可于2018年12月交付首批埃博拉单克隆抗体，2019年初交付另外两批。

（三）美国批准新型抗天花病毒药物

2018年7月，美国食品药品监督管理局（FDA）批准了SIGA公司的新型抗天花病毒药物TPOXX®（tecovirimat），该药物的最终研发得到了美国卫生与公共服务部生物医学高级研发局（BARDA）的资助。TPOXX®是FDA批准的首个抗天花病毒药物。它是一种新型抗病毒小分子疗法，作用原理是防止天花病毒离开被感染的细胞蔓延到身体的其余部位，有效地控制感染，直到机体的免疫系统可以抵抗该传染病。实验研究表明TPOXX®可在不阻碍患者获得免疫能力的情况下起作用，在健康志愿者身上的临床试验表明服用后不会产生任何副作用。BARDA的生物盾牌计划已经决定向SIGA购买200万份口服TPOXX，并且把这些药物运送到美国国家战略储备中保存。

（四）美国成功研制首例类鼻疽疫苗

据美国国防威胁降减局（DTRA）2018年6月介绍，该机构资助的首个类鼻疽疫苗研制成功。该研究是由DTRA化学生物技术部资助内华达大学和南亚拉巴马大学开展相关研究完成的。类鼻疽假单胞菌表达各种结构保守性防护抗原，包括细胞表面多糖、细胞相关蛋白及分泌性蛋白。研究人员分别测试了荚膜多糖（CPS）、溶血素辅助协调蛋白作为抗原。小鼠试验表明，这两种组分疫苗配方都能诱发体液和细胞免疫反应，给小鼠予高水平防护能力，重要的是能够产生消除性免疫反应，对抗急性吸入性类鼻疽。在35天试验期间，接种疫苗的小鼠在受到大剂量类鼻疽假单胞菌气溶胶攻击后，100%存活。相反，未接种疫苗的小鼠第8天因患此病死亡。值得注意的是，70%的存活小鼠肺部、肝脏或脾脏未培养出细菌，说明这种疫苗配方诱发消除性免疫反应。这是迄今为止用亚单位疫苗对抗急性吸入性类鼻疽假单胞菌急性攻击获得的最高水平的防护作用。研究人员下一步将继续研究多价亚单位疫苗，预防类鼻疽疾病。

（五）加拿大军队研发新的蓖麻毒素抗体

加拿大 AntoXa 公司于 2018 年 4 月 16 日宣布，该公司从加拿大国防研究发展机构（DRDC）获得研发许可，开发生产抗蓖麻毒素单克隆抗体 PhD9，预计在 3 年内上市销售。蓖麻毒素被美国疾病与预防控制中心（CDC）列为 B 类管制生物剂，目前尚无获得批准的解毒剂。PhD9 抗体药物是由 AntoXa 公司与圭尔夫大学在加拿大军方资助下合作研发的，体外和体内研究发现，该抗体可以阻止蓖麻毒素穿透细胞，对蓖麻毒中毒有较好的治疗效果。AntoXa 公司下一步将对 PhD9 开展大规模 GMP 制造、产品鉴定、动物安全和功效研究，并组织 I 期临床试验。AntoXa 公司拥有 XPRESS 生物制药平台，利用转基因烟草生产单克隆抗体，周期不到6 周，而且成本远低于传统发酵系统。目前，还在研发蓖麻毒素、沙林、梭曼和埃博拉等化生战剂防治药物。

（六）美军新型抗疟药——他非诺喹获批上市

2018 年 8 月8 日，美国陆军医学研究与物资部与60 度医药公司（60P）共同研发的抗疟新药——他非诺喹（Tafenoquine，商品名 Arakoda））获得 FDA 批准上市。他非诺奎是近60 多年来第一个获批的单剂量根治间日疟的药物。他非诺喹最初是由华尔特里德陆军研究所的科学家发现并合成，是一种 8－氨基喹啉，为伯氨喹的化学衍生物，具有抗所有类型疟疾的活性。随后由美国陆军和 60P 共同研发，历经 21 项、覆盖了 3100 人的临床研究，最终开发成这一每周服用的疟疾预防药物，Arakoda 片主要用于预防 18 岁及以上患者的疟疾，能防治两种主要类型的疟疾（间日疟原虫和恶性疟原虫），杀死血液和肝脏中的寄生虫。

值得注意的是，在 2018 年 7 月 20 日，葛兰素史克公司的他非诺喹药物——Krintafel 由 FDA 批准上市并为新分子实体（NME），这也是 FDA 自 2000 年以来 18 年批准的第一种预防疟疾的新药，这也使得随后美军与 60P 公司联合研制的 Arakoda 批准类型降为新剂型类新药。上述两个产品均在 2013 年获得孤儿药资格和突破性疗法认定，研究进展基本平行。

二、美国国防部建成首个军特药军民协同产研基地

2018 年 3 月，美国国防部“高级研发生产基地”（Advanced Development and Manufacturing，ADM）（军特药军民融合产研基地）正式运行，开启美国国防部军特药军民融合生产基地化先河。

（一）项目论证

2018 年 7 月，美国负责生防的总统特别助理和国土安全委员会生防主任要求国防部和卫生部对大规模杀伤性武器的医疗应对措施生产问题进行分析论证。2009 年 6 月，美国国防部和卫生部共同委托的 Quantic 咨询公司和塔弗茨药物发展研究中心联合提交了“应急医疗应对措施”发展论证报告。该报告随后提交给时任总统奥巴马，奥巴马于 2010 年 1 月 27 日的国情咨文中宣布将重塑“医疗应对战略计划”，以提高美国应对生物恐怖和

传染病威胁的能力。2010 年 12 月，美国国家安全委员会进行了战略和政策评估，认为需要“建立快速灵活的高级研发生产能力支持医疗应对措施的研发、批准和生产”，国防部将在弗罗里达州的阿拉楚阿（Alachua）建设新的特有医疗应对措施的高级研发生产基地，同时卫生部将建立另外 3 个高级研发生产基地。2011 年 8 月，国防部开始起草并讨论该项目具体建设的建议案。

2011 年，美国政府问责局（GAO）在报告中对国防部和卫生部负责的各种生物剂医疗应对措施进行了分类，为两者在此后的生物医疗应对措施的研发和生产明确了方向，两部门的高级研发生产基地基本按照该分类进行部署。

（二）项目建设

2013 年 3 月，美国国防部与纳米治疗公司达成合作协议，全权由该公司开始建设并管理佛罗里达生产基地。纳米治疗公司是一家长期与美国相关政府部门合作的医疗行业领域的“合同研发生产组织”（CDMO）公司。

2016 年 3 月，纳米医疗公司为降低成本，将与国防部共有房地产部分以信托形式出售并回租 15 年，国防部自有部分未出售。4 月，国防部使用“其他事务授权”的合同机制，将防化领域医疗应对措施纳入该项目建立了联合研发项目基金。7 月，国防分析研究所发布该基地成本效益分析报告。8 月，该基地启动试运营。2017 年 3 月，该基地全面开始运营。

该基地位于佛罗里达北部小镇阿拉楚阿，占地约 29 英亩（11.74 万米^2），主体建筑面积 4.1 英亩（1.67 万米^2），分为 6 个区，分别是：A 区（2137 米^2），管理、训练、会议室、安全行动中心、档案室；B 区（2230 米^2），质控分析释放测试、小生产、BSL－3 实验室、病毒细胞库、研发实验室；C 区（3902 米^2），GMP/BSL－3 生产中心、预留拓展区；D 区（836 米^2），中央供电室；E 区（2787 米^2），仓库、易燃品储存室、装卸间、废料间、冷库。另外，还有多用途可行人的设备层（4381 米^2）。

（三）能力分析

1. 研发能力强化

该基地研发主要依托纳米治疗公司，国防部方面仅在该基地配备了一个联合产品协调部门。纳米治疗公司目前有185 人规模，在产品的高级应用研发阶段具有较强成果转化能力。

该基地研发主体主要集中在 B 区，由五部分组成，分别是：病原体研发，包括克隆和研究用细胞库；小生产，上游工艺、下游工艺和细胞分离等；BSL－3 研发和质控实验室；cGMP ISO－7 实验室，包括细胞库、病毒库和 ISO－5 无菌工艺；冷藏室，包括多个－80℃冷藏室和液氮低温储存室。

在质量控制方面主要涉及4 个方面：样本管理和稳定储存，新入样本接收和保存；细胞分析实验室和免疫实验室，鼠疫分析、ELISA；分析化学实验室，湿式化学、产品特性分析；微生物实验室，环境监测、生物负荷、内毒素。

2. 生产能力提升

该基地的生产能力才是项目论证的初衷，也是国防部应急医疗应对措施建设的关键。目前，从提交到国防部的报告显示，该基地的生产能力主要体现在几个方面：

生产硬件设施较强。生产主体集中在 D 区，由四部分组成，分别是：4 个独立工艺间，同时满足4 个产品生产、独立的分区空气处理、单向生产流程、中间体制备等；BSL－3 控制区，负压设备、高效空气过滤、二氧化氯洗消、溢出控制的环氧树脂地板、封闭渗透设备等；模块化洁净室，墙壁和天花板无渗处理、天花板可承人行走；ISO－8 工艺间，无菌工艺、大批药物填充、小填充项目等。

生产能力可满足地方政府和国防部需求。该基地能够按照联邦政府的要求，在3个月内生产150万人份的治疗药品，并有能力扩充到1200万人份。该基地也满足国防部需要的生产规模，符合cGMP/BSL-3标准，具备可扩充发展和生产能力。现有能力可通过50~500升生物反应器提供4.5升~1000升的生产线，并可按需扩增到2000升。

现有4个产品已经上线生产。该基地已具备2个生产区，支持生产4个项目产品，包括：蓖麻毒素疫苗、委内瑞拉马脑炎疫苗、兔热病疫苗和东莨菪碱。正在开发新型的有机磷毒剂解磷定/阿托品自动注射针。另外，该基地未来将再增加3个生产区。

新型生产技术平台应用。装备模块化、使用简单，生产制造采用了通用健康生命科学公司的FlexFactory生物制造平台，纳米治疗公司自主开发了加速医疗应对措施应用到单兵的标准化发现、设计、生产和测试的技术平台。同时，纳米治疗公司还与与其他外部企业合作，充分吸收新技术、新能力。

（四）特点分析

1. 研究自主化

国防部报告显示，由于低利润、低回报、缺乏长期发展、知识产权问题、联邦采购政策等问题，大型制药公司不愿意投入军队特需药研发。在基础研究方面主要依托军队研究机构和地方小型研究机构，研发能力有限，尤其在新药后期研究和成果转化应用研究方面更是存在明显短板。该基地依托后期应用研发能力较强的纳米治疗公司，能够较好地解决新药后期研究和成果转化应用研究的问题。

2. 融合创新化

在此之前，国防部军队特需药项目主要是军方立项、地方申请的松散合作形式，依靠地方小型公司研发和生产，也培养了一批从军方获取项目赖以生存的公司。该基地建立后，将很大程度改变这一局面，军队特需药研发将以军地完全融合的形式构建能力。该基地由军队所有并成立产品项目管理协调部门，纳米治疗公司在该部门管理下进行研发和生产，充分发挥了军队计划管理和地方科技融入的联合效应，较此前的合作形式更为紧密，更能提升军队特需药的研发和生产能力。

3. 产研基地化

该基地突破了美军特需药研发生产链条分离的模式，研发方面如前所述，军队研发机构和地方小型公司还能合作完成，但在生产方面主要依靠地方小型公司，管理上存在一定的延滞，不能满足应急药品的生产需求。产研基地化后，军特药的产研结合在一起，能够较好满足紧急情况的药品研发生产项目部署，更好地解决时间和成本问题，为军队提供专门、快速、灵活的军特药研发生产能力。

（军事科学院军事医学研究院卫生勤务与血液研究所　高云华）

美国海军陆战队战场医疗装备技术发展现状及趋势

美国海军陆战队担负着美军前沿存在和快速反应的重要使命，自 2003 年伊拉克战争后，美国海军陆战队发展出了一系列前沿部署的卫勤力量。为保证这些卫勤力量能够快速部署、灵活机动，美国海军陆战队研发及采购了大量便携式、轻型医疗装备，并依托信息化、智能化、无人化等技术，进一步提高海军陆战队前沿战救能力。本文对美国海军陆战队现有的战场医疗装备进行了总结与概述，并对美国海军陆战队战场医疗装备及技术的发展趋势进行了分析。

一、以即时救治为目标，大力发展自救互救卫生装备

自救互救是战伤急救的起点。根据美国海军陆战队任务特点，伤员受伤后很难在“白金十分钟”内就能得到专业医务人员的处理，因此在受伤点开展高效的自救互救，对提高战术战伤环境中伤员救治存活率至关重要。伊拉克战争期间，美国海军陆战队首次配发标准版单兵急救包（IFAK），用于自救和互救。急救包分为两层，包含两个可单独使用的模块，简易处理

模块和创伤急救模块（表1）。简易处理模块中含有可对轻伤进行简单消毒和处理的物资。创伤急救模块中含有可进行止血和固定等较为复杂创伤最初急救的物资。纳入急救包中的物资均操作简单、使用方便，尤其适合无医学背景的一线战斗员使用。例如，创伤急救模块中的“H&H”绷带是H&H公司的专利产品，可单手止血，能有效用于各种严重创伤及动脉出血的止血急救。2015年，美国海军陆战队根据过往使用经验，对单兵急救包中的内容物进行了改进，精简了简易处理模块中的物资，同时增加了创伤急救模块中急救装备的数量和种类，特别增加了穿透性胸部损伤急救套件，为胸部穿透性损伤的伤员争取抢救时间。除上述已经制式、成套配发的单兵急救包外，美国海军陆战队还联合其他军种大力研发和改进各类可用于止血、通气、固定的急救技术，研发了许多操作简单、使用方便的急救装备，如“XSTAT”止血注射器、泡沫型喷雾止血剂、严重肢体损伤急救包布（图1）等，进一步提高自救互救效率。

表1　美国海军陆战队新旧两款单兵急救包内容物比较

<table>
<tr><td rowspan="2">旧版单兵急救包</td><td>简易处理模块</td><td>小创可贴×10块
大创可贴×5块
烧伤敷料×1包
聚维酮碘溶液×1瓶
“Micropur”紧急净水片×1包（10粒）
无菌三角绷带×2块
0.9克杆菌肽抗生素软膏×8包
战斗医用胶带卷×1卷</td></tr>
<tr><td>创伤急救模块</td><td>“QuikClot”止血粉×1包
“H&H”绷带×2包
“PriMed”压缩纱布卷×2卷
“Tourni－Kwik”止血带×2包</td></tr>
</table>

（续）

<table>
<tr><td rowspan="2">新版单兵
急救包</td><td>简易处理模块</td><td>小创可贴 ×10 块
大创可贴 ×5 块
“BurnTec” 烧伤敷料 ×1 包
0.9 克杆菌肽抗生素软膏 ×8 包
“Micropur” 紧急净水片 ×1 包（10 粒）
伤票 ×1 个
迷你记号笔 ×1 支
黑色医用手套 ×1 副</td></tr>
<tr><td>创伤急救
模块</td><td>“QuikClot” 止血纱布 ×1 包（3 块）
“BurnTec” 烧伤敷料 ×1 包
压缩纱布 ×1 包
穿透性胸部损伤救治套装 ×1 包
“H&H” 绷带 ×1 包
干式无菌烧伤敷料 ×1 包
战斗医用胶带卷 ×1 卷
眼罩 ×1 个</td></tr>
</table>

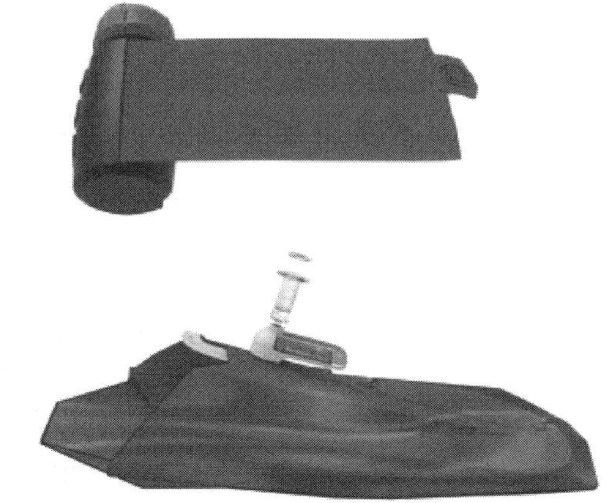

图 1　严重肢体损伤急救包布

二、以灵活部署为目标，大力发展前沿机动卫生装备

目前，美国海军陆战队前沿救治机动卫勤力量主要依靠前沿复苏外科手术系统（FRSS）和休克创伤排（STP）完成。具体来说，由前沿复苏外科手术系统开展损伤控制手术，尽可能地挽救伤员肢体与生命，由创伤休克排进行检伤分类和伤员留治，并后送伤员至更高级救治阶梯。前沿复苏外科手术系统中有8名医务人员，可在1小时内展开完成，展开后带有1个手术室和1个术前术后区，所有医疗物资，包括帐篷、发电机、油料等，总质量为3吨，体积为18.1米^3，可通过车辆或飞机运输。在无补给的48小时内，可为18名伤员开展损伤控制手术，伤员最大留治时间为4小时。创伤休克排分为伤情稳定组和伤员收容及后送组共18人。整个创伤休克排展开面积约为40米^2，有6张术前术后护理病床，一般1小时内可展开完成，伤员可留治最长6小时，最多接收和处理伤员50人。

在伊拉克/阿富汗战争中，前沿复苏外科手术系统和创伤休克排的使用，极大地改善了海军陆战队前沿救治能力，降低了伤员伤死率。随着未来战争样式的变化，海军陆战队的作战样式也随之改变，卫勤保障要求亦有所不同。根据美国海军陆战队《远征作战力量21》和《海军陆战队愿景及战略2025》中所述，小型、机动化的作战力量是未来作战的关键。因此，就需要更轻型、更灵活、更机动的力量给予前沿卫勤保障。考虑到未来作战地域距离更远，环境也更加严酷，伤员在岸上等待及后送的时间也可能相应增加。因此，在遥远且恶劣的环境下能为伤员尽早提供外科手术干预至关重要。基于此概念，美国海军陆战队在“2016年环太平洋”军事演习中，测试并使用了一套新的前沿外科手术系统（FSS）及其配套部署的休克

创伤组（STS）。新的前沿外科手术系统和休克创伤组规模更小，部署和使用更加灵活，配备的设备更为小型轻便，并且将原来前沿复苏外科手术系统和创伤休克排的保障重点从营一级的单位前移至连级登陆分队，提供更加靠前的外科复苏手术力量。为了使前沿部署的卫勤力量，更加轻型机动，降低后勤保障负担，美国海军陆战队还努力实现各种大型诊疗设备的小型化，特别重视发展能够携行的卫生装备。近年来，已经和正在研发的便携式医疗设备包括将读片系统和 X 线系统合二为一的新型便携式 X 线成像系统、使用臭氧消毒的便携式战地消毒箱（图 2）、手机大小的小型数字化超声诊断设备（图 3）、“InfraScan” 手持式脑创伤扫描仪等。

图 2　便携式战地臭氧消毒箱

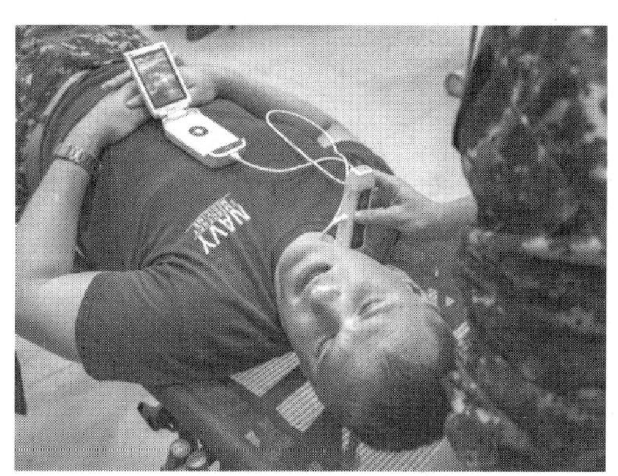

图 3　便携式超声检查设备

三、以送治结合为目标，大力发展伤员后送卫生装备

根据以往作战经验，无论多靠前部署战伤救治力量，都需要进行伤员后送。目前，美国海军陆战队后送装备拥有完整的体系（表 2）：陆路拥有 M997 型救护车、M1035 型救护车、“美洲狮” 救护车及 MK23 中型战术卡

车；海上可使用两栖突击车、登陆艇、伤员接收救治舰、医院船等；空中能依靠救护直升机，包括 UH－1 救护直升机、CH－46“海上骑士”运输直升机、CH－53E“超级种马”直升机等。考虑到目前在用的救护直升机能力已无法满足作战需要，依托 MV－22“鱼鹰”倾旋翼飞机速度快，载荷大的优点，美国海军陆战队对其进行了重点测试并改装，有意将其打造成为美国海军陆战队伤员后送和途中救治的重要工具。

除上述有人机外，美国海军陆战队的“K－MAX”无人机可在地面无人车辆的协助下，在指定地点开展伤员后送任务。伤员后送无人机的使用将为战术战伤环境下伤员后送提供更多可能性，并确保了战场救治人员的安全。为保证伤员顺利从前方送至后方医院救治，除需要精良的后送工具外，还需要保证伤员在后送途中能够获得连续治疗和持续监控，因此美国海军陆战队依靠传感器、可穿戴式非侵入式监测、无线传输等技术研发了一系列监护、治疗与后送一体化的医疗装备供伤员后送途中获得持续的救治。例如，供氧和外部吸氧监控系统（MOVES）是陆战队使用较为成熟的后送途中生命体征监测系统。

它可被固定在担架上，在伤员转移的过程中和入院之前提供抢救所必需的氧气。该系统上的多个传感器会持续监控伤员的重要生命体征，这些传感器由两块独立的电池供电，以防突然断电。一旦伤员到达医院后，该系统就可以从担架上拆卸下来，直接整合到医院救治设备上，因此减少了从一个生命支持系统转移到另一个生命支持系统带来的风险。此外，一套装在手提箱中、可携行的危重伤病员自动重症监护系统（ACCS）也在研发中（图4）。该系统能够在医疗后送途中连续不断地利用非侵入式智能监测设备获取患者的重要生命体征数据，通过无线信息传输至监护系统，从而预测伤员伤势发展情况，确定相匹配的治疗方案，并通过静脉准确地给药。该系统还可给伤员加温和输液加温，并开展疼痛控制，最长运行时间可达6小时。

表2　美国海军陆战队空中及陆上伤员后送装备

<table>
<tr><td colspan="5">固定翼飞机</td></tr>
<tr><td>型号</td><td>配置情况[①]</td><td>可放置担架数/副</td><td>可走动伤员/人</td><td>机组医务人员</td></tr>
<tr><td rowspan="2">C－130“大力神”运输机</td><td>最大配置</td><td>74</td><td>92</td><td rowspan="2">2名飞行护士
3名航空医学后送技师</td></tr>
<tr><td>组合配置</td><td>50</td><td>24</td></tr>
<tr><td rowspan="2">C－12“休伦”运输机</td><td>最大配置</td><td>2</td><td>8</td><td rowspan="2">1名医院看护兵</td></tr>
<tr><td>组合配置</td><td>0</td><td>8</td></tr>
<tr><td colspan="5">旋翼飞机</td></tr>
<tr><td rowspan="2">UH－1N“伊洛魁”直升机</td><td>最大配置</td><td>6</td><td>12</td><td rowspan="2">1名医院看护兵</td></tr>
<tr><td>组合配置</td><td>3</td><td>5</td></tr>
<tr><td>UH－1Y“毒液”直升机</td><td>最大配置</td><td>6</td><td>12</td><td>1名医院看护兵</td></tr>
<tr><td rowspan="2">CH－46“海上骑士”运输直升机</td><td>最大配置</td><td>15</td><td>22</td><td rowspan="2">2名医院看护兵</td></tr>
<tr><td>组合配置</td><td>6</td><td>15</td></tr>
<tr><td rowspan="2">CH－53E“超级种马”直升机</td><td>最大配置</td><td>24</td><td>37</td><td>2名医院看护兵</td></tr>
<tr><td>组合配置</td><td>8</td><td>19</td><td>2名医院看护兵</td></tr>
<tr><td>MV－22“鱼鹰”倾转旋翼机</td><td>最大配置</td><td>12</td><td>24</td><td>2名医院看护兵</td></tr>
<tr><td colspan="5">地面运输装备</td></tr>
<tr><td rowspan="2">M997型救护车</td><td>最大配置</td><td>4</td><td>8</td><td rowspan="2">1名医院看护兵</td></tr>
<tr><td>组合配置</td><td>2</td><td>4</td></tr>
<tr><td rowspan="2">M1035型救护车高机动性多用途轮式车辆</td><td>最大配置</td><td>2</td><td>3</td><td rowspan="2">1名医院看护兵</td></tr>
<tr><td>组合配置</td><td>1</td><td>3</td></tr>
<tr><td rowspan="2">“美洲狮”救护车</td><td>最大配置</td><td>2</td><td>3</td><td rowspan="2">1名医院看护兵</td></tr>
<tr><td>组合配置</td><td>1</td><td>3</td></tr>
<tr><td>MK 23中型战术卡车</td><td>最大配置</td><td>10</td><td>20</td><td>无</td></tr>
</table>

（续）

型号	配置情况①	可放置担架数/副	可走动伤员/人	机组医务人员
海上运输装备				
两栖突击载具	最大配置	12	25	—
气垫登陆艇	最大配置	55	110	—
LCM 6 机械登陆艇		24	48	—
LCM 8 机械登陆艇		24	48	—
通用型登陆艇		24	48	—
注：①最大配置指的是仅可搭载担架数量或仅搭载可走动伤员最大能力；组合配置指的是同时搭载担架和可走动伤员的数量				

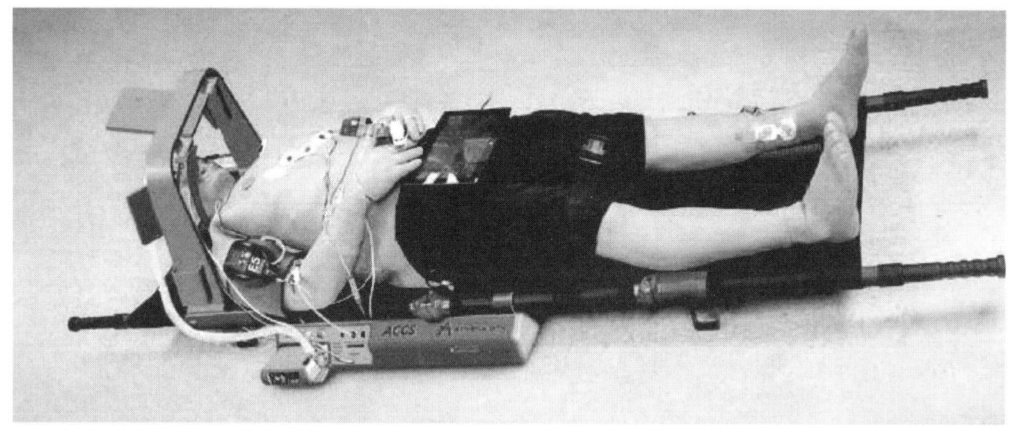

图 4　自动重症监护系统

四、以安全高效为目标，大力发展“三防”卫生装备

海军陆战队作为一支担负特种作战任务的队伍，必须具备应对各种核生化武器的潜在威胁的能力。美国海军陆战队拥有自己的核化生应急反应

部队，可应对世界范围内发生的各类核生化威胁。此外，在各空地特遣队中设有核化生防护排，为任务部队提供必要的核生化防护支持。美国海军陆战队的核生化防护卫生装备以美军通用“三防”卫生装备为主，可分为态势感知和防护装具两大类。最新研发的态势感知装备用以快速监测各类核生化威胁，具有实时化、信息化、智能化的特点，包括联合手持式生物战剂鉴别仪、联合化学战剂检测器、联合核生化侦查系统、下一代生物战疾病诊断系统（图5）等。单兵防护装主要强调低生理负担、高舒适性和安全性，包括联合空勤人员防护面具、联合轻型集成防护服等。集体防护装备主要强调灵活机动和安全高效，包括联合远征集体防护系统、舰用集体防护系统等。

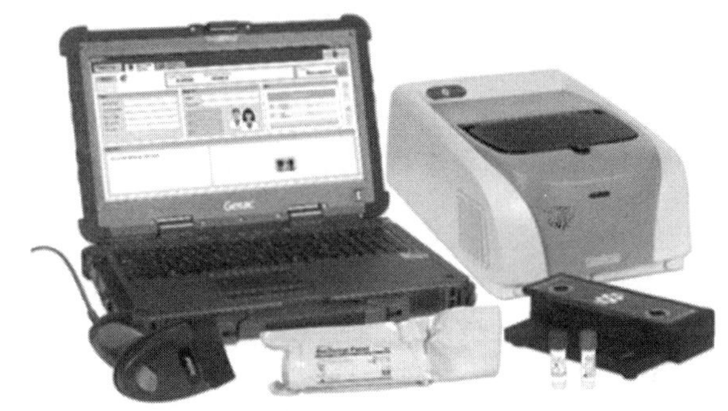

图5　下一代诊断系统分析仪、条形码扫描仪、笔记本电脑和样品制备设备

五、以全要素覆盖为目的，大力发展信息化卫生装备

针对信息化战争卫勤保障的需要，美国海军陆战队将信息化渗入卫生装备的各个领域，结合人工智能、可视化、大数据等最新技术手段，构建了全要素、全覆盖的卫勤保障信息化网络。美国海军陆战队最新启用的战区医疗信息系统旨在解决战伤救治过程中，纸笔伤情和救治记录易丢失、不完整，且与平时保健无法衔接的问题，进一步提高一级和二级救治阶梯

上的信息化水平，避免重要信息链断裂的情况。该系统可从伤员受伤开始，使用手持式系统记录其伤情和救治记录，并通过与联合伤员运输系统相连，将伤员后送和生命体征相关数据可视化，便于战区指挥官协调与指挥。同时，该系统可与战区级后方医疗机构有关数据库相连，确保后续救治及医疗物资调用的组织协调。最后，该系统将伤员完整救治情况整合至个人电子病历中，便于平时保健时医务人员调看过往病史和用药史。美国海军陆战队还依托完备的战伤登记数据库，利用仿真建模、大数据挖掘、机器学习等技术，建立了多套卫勤决策工具，包括联合卫勤决策工具、卫勤决策工具包等，能对海军陆战队在不同作战环境下的战时减员、医疗物资需求、伤员流进行准确预测，支持指挥机关做出卫勤决策。

（海军军医大学海军特色医学中心　卢姗姗　栾洁　李旭霞）

DARPA 生物科技项目未来发展动向

继信息技术之后，生物科技的迅猛发展引领了新的科技浪潮，而信息技术、生物技术、新能源技术、新材料技术的交叉融合正在引发新一轮科技革命和产业变革，对国防军事领域也带来了巨大冲击。2014 年 4 月，DARPA 宣布成立生物技术办公室（BTO），欲从国家战略高度强化生物科技与工程、信息科技等交叉融合及发挥引领和辐射作用，这一动向预示生物科技将成为未来军事革命和大国博弈新的战略制高点。

一、DARPA 公布生物科技关注领域

DARPA 新任局长史蒂文·沃克将生物学比喻为“自然界最终极的创新产品”，显示了生物学在科技创新格局中的战略地位。2017 年 2 月，美国国防科学委员会成立生物学特别工作组，目标是探索和阐明现代、新兴生物科学进展的机遇和潜在风险，增强美国国家安全和防御能力。重点关注现代生物科学发展最迅速的领域，特别是有可能为国防创新提供新机遇的基础技术领域，或被对手掌握威胁美国国家安全的技术领域。

2017 年 4 月，DARPA 生物技术办公室发布方案征集公告，寻求生物技术研究创新方案，旨在利用神经科学、心理学、认知科学等相关学科的最新进展，重点将开展人体效能优化、人机系统结合、生物系统行为设计和控制、生物样品采集分析处理平台、极端环境条件作业技术、生物体聚集和互动行为的因素和原则、生态系统避灾战略、农业生态系统新技术、非人类生物体探索、生物安全、全球粮食和水供应对策，以及突发传染病应对策略等领域的研究和技术开发等。

2018 年 5 月，生物技术办公室发布跨部门公告（BAA），围绕其当前关注的 16 个技术领域（表 1），向工业部门征求意见建议。生物技术办公室在技术领域的投入不仅限于生命科学的医学应用，如人机界面、微生物生产平台等研究领域，还将深入探索不断演变的生态环境对美国战备和能力的影响。

表 1　DARPA 生物科技关注的 16 个领域

序号	技术领域
1	探索并利用神经科学、心理学、认知科学和相关学科领域的新发现，促进神经系统疾患的治疗与康复，并优化人体机能
2	了解和改进生物体和物理世界之间的接口，从而研制无缝混合系统
3	开发并利用对控制生物系统行为的优先设计规则的基本认知
4	为细胞、组织、器官、有机体和复杂群落等生物系统的正向工程研发新工具和新功能，开发新型产品和功能系统，并获得对潜在机制的新见解
5	开发新的平台技术，使生物样品的收集、处理和分析实现集成化、自动化和小型化
6	开发利用生态多样性或支持人类在极端环境（海洋、沙漠、太空等）中作战的技术
7	开发和验证新的理论和计算模型，以确定生物有机体（从单个细胞到全球生态系统）的集群行为和交互行为的基本要素与原则
8	了解生物种群和生态系统行为的动态，以保持生态平衡，提供战略机遇，避免灾难

（续）

序号	技术领域
9	开发和利用可用于促进农业生态系统生产稳定的新技术，以提高质量或减少病原体和虫害带来的损失
10	在微生物、昆虫、植物、海洋生物以及其他非人类生命体范围内，开发和利用对其的最新见解
11	开发确保生物技术安全、生物安全以及生物经济安全的新技术和方法
12	了解全球粮食和水供应面临的新威胁，制定可在区域或全球范围内实施的对策
13	开发用于治疗、预防和预测传染病的出现和传播的新技术，防止传染病造成重大的卫生、经济和社会负担
14	开发和利用新技术，研究持续或近乎连续地监测生物有机体的层次系统，以阐明人类恢复力的机制
15	利用生物学提供有关海上作战优势的新战术和新战略
16	实现生物组件在以往工程化军事系统中的新应用

二、DARPA 生物科技重点项目分析

（一）表观遗传特征监测项目

2018 年 2 月，DARPA 启动“表观遗传特征监测”（ECHO）项目。该项目将通过监测特定目标人物体内的表观遗传特征变化，来判断其是否接触过大规模杀伤性武器，以及接触的具体时间和类别。DARPA 希望通过该项目的实施，大幅提升美军针对大规模杀伤性武器的反恐情报侦察能力，有效防范大规模杀伤性武器材料扩散，提高部队应对大规模杀伤性武器的战场即时反应能力。

传统上，大规模杀伤性武器的侦检手段主要依靠生化物质直接检测，即对衣服或头发上残留的痕量目标物原型、降解产物、特异性代谢产物和

生物标志物等进行检测。由于生化物质的存留时间短、浓度低，在特定目标人物体表或仪器表面检测出来的难度较大，无法对可能有大规模杀伤性武器接触史的特定目标人物进行全面筛查确证。人体接触大规模杀伤性武器后，表观遗传特征将记录其遗传物质（DNA）上自动形成的新生物标记，该标记具有特异性，可长期稳定存在甚至传递给下一代。也就是说，即使是数十年前接触过大规模杀伤性武器，对表观遗传特征进行检测仍可特异性地筛查出特定目标人物。

ECHO 项目为期 4 年，主要内容包括：①采集和分析接触敏感材料的表观遗传特征数据。敏感材料涉及 HIV 病毒、沙拉热病毒、金黄葡萄球菌和类鼻疽伯克霍尔德菌等生物类材料，以及碳酰二氯、氯化氢、氰化氢、三氯硝基甲烷等化学类材料。②确定接触每种敏感材料后的表观遗传学特征图谱，开发生物信息组学算法，形成对未知敏感材料的预测能力。③开发自动便携式大规模杀伤性武器一体化检测装备，可在 30 分钟内实现对生物样品表观遗传特征的提取、检测、分析，并准确判断接触敏感材料的类别和时间。

DARPA 启动 ECHO 项目，意味着美军正式将表观遗传特征监测作为应对大规模杀伤性武器的新手段。一旦关键技术取得突破，ECHO 项目将：①大幅提升美军针对大规模杀伤性武器的反恐情报侦察能力。ECHO 项目将从表观遗传特征的维度来认识核辐射及生物和化学等敏感材料在长期接触或从业人员身上产生的特异性印记，由于目前技术手段无法消除表观遗传特征变化痕迹，因此该项目将可能为反恐情报侦察提供重要的取证手段。②有效防范大规模杀伤性武器材料扩散。ECHO 项目获得的快速检测敏感材料、判别接触时间的能力，能够准确判断特定目标人物所受的伤害来源、伤害时间，对于相关部门在短时间内明确和控制污染范围、精准处置和减少民众恐慌具有重要价值。③提高部队应对大规模杀伤性武器的战场即时反应能力。ECHO 项目可使美军在战场环境下，针对大规模杀伤性武器攻击进行快速侦检与应急处置，提高部队应对大规模杀伤性武器的战场即时反应能力。此外，该项目有助于及时采取针对性治疗措施以减少大规模杀伤性武器所致的伤亡，如根据损伤所致的表观遗传特征变化来选择特定的药物。

（二）持续性水生生物传感器项目

2018 年 2 月，DARPA 宣布启动“持续性水生生物传感器”（PALS）项目。该项目旨在研究及充分利用海洋生物对环境的感知特性，强化对各类水域的战略监测能力。

美国海军水下监测的主要工具为战术传感器网络，但海洋水流的不确定性及海洋生物活动都在一定程度上影响监测结果，而且难以部署至争议海域，致使现有监测手段无法对重要战略水域的海事活动实现全面覆盖。为此，DARPA 启动了持续性水生生物传感器项目，该项目将对自然和改良水生生物进行研究，包括生物对水下运载工具的反应、生物反应信号和行为特征分析，经硬件设备进行信号捕获和解读，将其转化为可识别、可操作的有用信息，传达至终端用户。

该项目充分利用海洋生物的先天感知能力，无需对海洋生物进行训练或修饰等特殊处理，但准确评估海洋生物的传感能力，对生物传感信息及行为进行特征分类和分析是技术难点。此外，传感信息的接收和解读对监测硬件和软件提出了较高要求，如远距离操控，水下无线网络传播速度和可靠性，复杂环境中感知、区分、采集和处理弱信号的能力等。

该项目将监测行为融入环境本身，一旦成功，既可扩大水下监测范围，也能秘密、高效地对水下活动及擅入目标进行全方位监测，同时为争议水域的持续水下监测提供可能。未来，美国计划在本国海域及争议地区部署生物传感系统，构建全面的水下侦测网络。

（三）保护性等位基因及应答因子的预先表达项目

2018 年 7 月，DARPA 宣布启动“保护性等位基因及应答因子的预先表达”（PREPARE）项目，研究如何在人体受到威胁时通过给予暂时性刺激来增强机体防御能力，而无需对基因组进行任何永久性编辑修改。

人体对许多健康威胁有一定程度的防护，这种防护“写”在 DNA 序列中，每一个细胞都含有对抗特定健康威胁的抗性编码基因，但这些内置防御功能并不总能快速或有效的表达。例如，即使机体免疫系统努力抵抗流感病毒，人体仍可能罹患流感。该计划将探讨如何暂时性“调节”基因表达，即“开启”或“关闭”基因以增强机体对健康威胁的防御能力，更好地保护人体。CRISPR 等基因编辑技术主要通过切割 DNA 和插入新基因来永久性地改变基因组，而 DARPA 的研究项目则与其不同，主要集中在不使 DNA 发生永久性变化的技术的使用上。后者目标是针对“表观基因”或控制基因表达的系统，可通过对 DNA 进行外部修饰来“开启”或“关闭”基因调节，而不改变 DNA 序列，只是影响细胞“读取”基因。

该研究项目将首先针对 4 个方面的健康挑战：①流感病毒感染；②阿片类药物过量；③有机磷中毒；④γ 线辐射。研究人员需首先确定能够防御这些健康威胁的特定基因，然后将开发能够改变这些目标基因的技术以及实现工具，最后需要确保相关技术工具符合美国食品药品管理局（FDA）制定的药品监管标准，最终目标是开发适用于新发健康威胁的通用技术平台。

随着生物科技特别是基因组学、微生物组学、合成生物学、脑与认知神经科学以及细胞工程等前沿颠覆性技术的不断突破，生物技术的基础研究及应用成果正在深刻影响和作用于军事作战和情报侦察的各个领域，给国防科技体系建设带来了新的机遇和挑战。DARPA 面向美军的近期及长期战略需求提供先进的解决方案，生物技术整体布局体系完整、重点突出，研究项目涵盖与军事国防相关的、从细胞水平到全球生态系统的不同层级，密切关注其未来发展动向可为我们开展相关工作提供借鉴。

（军事科学院军事医学研究院卫生勤务与血液研究所　张音　蒋丽勇）

（军事科学院军事科学信息研究中心　郝继英）

美国陆军研究分析影响未来作战环境的生物会聚技术

生物科学的快速创新正在改变人类的工作、生活和作战方式。美军认为，生物会聚是人工智能、机器人技术、增强现实、脑机接口、纳米技术与生物学医学进步的融合，对未来陆军极为重要，将改变未来士兵的生理和能力，影响其作战效能。2018 年，美国陆军训练与条令司令部依托“疯狂科学家”计划，深入分析研究生物会聚技术对未来作战环境的影响。2 月，“疯狂科学家”计划发布影响未来作战环境的十大生物融合趋势。3 月 8 日至 9 日，美国陆军训练与条令司令部联合斯坦福国际研究院举办“疯狂科学家：生物会聚与士兵 2050”会议，并于 7 月发布“疯狂科学家：生物会聚与士兵 2050”会议报告，重点分析了生物会聚对未来士兵的影响及其发展趋势。

一、影响未来作战环境的十大生物会聚趋势

“疯狂科学家”是美国陆军训练与条令司令部情报部门（G2）主导的

一项计划，旨在通过与学术界、工业界、政府的合作与对话，汲取关于技术与人类发展趋势的研究成果，纳入陆军的建设理念与实践，帮助陆军探索2050年前的作战环境演变，引领未来战争思想发展，塑造未来地面作战形态，确保陆军以及整个联合部队优于潜在对手。“疯狂科学家”计划认为，生物、神经、纳米、量子和信息科技正快速融合，将驱动战争特征变化，促进传感、数据采集及检索、计算机处理等技术领域取得革命性成果，创造一个人类与技术共同演化的新环境。

2018年2月，“疯狂科学家”计划明确了以下十大生物融合趋势将深刻影响未来作战环境演变：①生物技术与先进计算将实现深度融合。人类将通过嵌入式及可穿戴设备成为网络的组成部分，未来作战环境将不仅是一个物联网，而是一个包括人类在内的万物互联网。②人工智能将推动人类社会不断演进。人类通过人工智能实现人体效能增强，在国际象棋等游戏中与人工智能合作，最终被人工智能超越。③人体效能增强和人工智能辅助将使人类成为“超链接人”。这需要使用具备连续诊断能力和人机接口的可穿戴及可嵌入设备。④美国陆军将测量新兵和士兵的认知潜能及基准神经活动。⑤美国陆军将利用神经可塑性训练工具，全面提升士兵的认知潜能。大脑训练馆、增强现实和虚拟现实训练集将实现加速学习。⑥人效增强、基因组解码和不断改进的人工智能将对美国陆军的政策和伦理观造成压力。对手正探索利用这3种能力获取超越美军的优势，这可能在2030年成为现实。⑦对手的不对称伦理观将发挥更重要的作用。例如，对手可能会对病原体DNA进行操作，来瞄准特定种族或培育“超级”士兵。⑧认知增强和攻击人脑（神经系统）将成为现实。美国陆军应专门为“士兵增强”建立一个项目执行办公室，提供可穿戴设备、可嵌入式设备、刺激剂、大脑训练馆和外骨骼，实现体能增强和心理增强。⑨未来战场上的化学和生物防御将变得更加复杂。技术平民化和扩散的双重挑战将造成重大生物武器工程化能力的扩散，使其不再仅限于国家政府以及先进研究机构和大学，获得超级授权的个人、暴力非国家行为体和犯罪组织都可能拥有生物武器工程化能力。⑩为避免错过生物科学对所有新兴领域的影响，未来关注重点必须超越人体效能增强范畴，解决生物如何影响材料、计算以及小规模创新等问题。

二、“疯狂科学家：生物会聚与士兵2050”会议概况及主要认识

2018 年3 月8 日至9 日，美国陆军训练与条令司令部联合斯坦福国际研究院举办了“疯狂科学家：生物会聚与士兵2050”会议，来自国防部长办公厅、陆军参谋部、国防威胁降减局、研究开发与工程司令部、陆军研究实验室、国土安全部以及私营行业和学术界的代表参加了会议，对生物会聚、2050 年陆军士兵特征、士兵如何与装备融合互动等进行了探讨。会议期间，美国陆军负责研究与技术的副助理部长和南加州大学创新技术研究院还组织了一次网上竞比活动，让参会人员展示生物会聚的新技术和新概念，并对它们进行评价和虚拟投资，以鼓励参会人员更深入思考生物会聚技术将如何改变未来战争的特征。此次会议主要达成以下共识：

（1）竞争和威胁广泛存在。随着技术的大众化和信息的全球扩散，寻求“高端威胁”能力的竞争者从大国扩大至非国家行为体甚至个人。中国在生物技术领域已投资数十亿美元，重视自身生物技术革命和创新基地建设，寻求在基因编辑等领域超越美国。非国家行为体更注重生物技术的武器化，有迹象表明ISIS 掌握了制造黑死病炸弹和使用大规模杀伤性武器的资料，而且相关原材料易于获取，加剧了生物技术武器化带来的挑战。越

来越多的生物黑客和相关人士正在不断突破 DNA 编辑、植入技术及生物化学注射的底线，有伤害自身或向不知情人群释放破坏性生物制剂的危险性。

（2）士兵增强有利有弊。合成生物学的进步将提高未来士兵的效能，但也会带来弱点。新兴合成生物学工具能够改变士兵的 DNA，增强其速度、力量、敏捷性和耐力。认知能力的增强将使士兵更具杀伤力、决断力和恢复力。同时，基因组靶向会带来基因层面上的脆弱性，迫使陆军必须保护士兵的身份、基因组和生理学等信息。对手可能利用生物增强技术获得相对于美军的竞争优势，在靶向基因编辑技术的支撑下，有可能向战场派出超强的士兵，并使用针对特定人群的生物武器。

（3）药物及疫苗研发提速。病毒和疾病可能具有反复性、变异性且针对个人等特点，对美国陆军的医疗系统构成挑战。合成生物学为陆军加快药物及疫苗的研发速度提供了机会。在未来作战环境，美国陆军可能面临埃博拉之类的未知传染性疾病，以及人为设计的具有变异性和反复性特点的病毒，这就需要利用合成生物学，革新对生物威胁的监测及药物的生产。实时监测生物威胁、现场合成 DNA 及计算机辅助设计蛋白等能力，将显著提高远征医疗能力。未来士兵可能配备网络化免疫系统，以持续监测威胁并产生应对方案。

（4）创新生态不断变化。创新经费、推动力量及需求从美国政府转向商业部门，要求军方开展敏捷原型及试验工作。私营企业和学术界已成为创新的推动力量，但在市场需求小且与国防利益攸关的领域缺乏投资力度，很多外国学生离开美国会对美国维持技术优势产生影响。为了与对手竞争，美国需要资助私营企业和学术界的研究工作，增加对高风险的新概念的经费支持，投资一些关系国防利益的领域，美国陆军尤其应投资一些市场规模小的领域，如爆炸物研究等。

（5）生物技术带来挑战。新的生物技术将带来更多伦理、监管及法律挑战。例如，随着合成生物学的快速发展，个人或小公司能够以较低成本创造新的有机体，而对症的药物可能需要数年时间才能研制，因此需要制定有效的政策和监管办法。生物监测系统能够快速了解士兵的健康与备战状态，但存在隐私问题。随着技术的大众化，社会将出现人体机能得到增强和未增强的两种人，对此美国陆军需要重新审视其招募流程，并针对这两种人相应调整训练标准。随着士兵能力的增强，还会出现很多伦理问题，例如伦理上对永久性增强士兵的接受程度。

会议认为，生物会聚的主要发展趋势如下：

（1）生物会聚正在加速。生物会聚有将生物学问题变为软件问题的潜力，而软件的变化速度比物竞天择或任何有机体都要快。从现在起到2050年，生物会聚的速度将会变得更快，人类面临在伦理及安全规则上追赶其步伐的挑战。但生物会聚也具有增强人体效能、降低发病率和提高生命质量等潜在优势。

（2）生物会聚日趋大众化。智能传感器、重组细菌等工具在全球范围都易于获取，带来了生物会聚研发的繁荣。相关实验已走出政府和大学的实验室，进入黑客世界和普通家庭，并在网上公开讨论。专注人工智能、个人基因组学和生物黑客等领域的社区不断涌现，任何人只需花费100美元即可进行基因组测序，或花费数千美元获得基因组测序的技术。

（3）生物会聚的潜力和风险都很大。生物会聚社区的壮大将带来意想不到的、前所未有的突破，从治病到人体效能增强，包括增强士兵作战效能，生物会聚均会改变人类生活。虽然许多国家在1975年取缔了生物武器的研发和生产，但到2050年，生物会聚可能带来生物武器的复苏。

（4）生物会聚的范畴广泛。从可穿戴设备、智能纹身到器官改造和脑机接口，生物会聚包含大量面向作战人员和平民的潜在技术。活动参与者提交的设想中，既包括可破坏稳定的危险武器，也涉及增强团队协作及增进情感共鸣等方面的技术进步。生物会聚的未来具有不确定性，有可能改变对人性和智能的定义。

（军事科学院军事科学信息研究中心　郝继英）

美国智库报告15种可降低全球灾难性生物风险技术

2018年10月9日，美国约翰·霍普金斯卫生安全中心研究团队发布题为《应对全球灾难性生物风险的技术》报告。该报告指出，当前应重点关注15种生物技术的发展前景及其潜在应用，认为加强这些技术的研究开发将有助于提升世界各国的生物风险应对能力，防止未来传染病暴发演变为灾难性事件。

一、报告编制背景

（一）报告编制机构

美国约翰·霍普金斯卫生安全中心是一家成立于1998年的智库机构，主要开展生物安全相关政策研究，对美国政府决策具有重要影响力。中心主任Tom Inglesby博士是美国疾病预防和控制中心（CDC）公共卫生准备和响应办公室科学顾问委员会主席、美国国防科学委员会委员。2016年曾代表总统科学技术顾问委员会（PCAST）评估美国的生物安全工作，并担任美国国立卫生研究院（NIH）、生物医学高级研究开发局（BARDA）、国土安全部（DHS）和国防高级研究计划局等部门的顾问。约翰·霍普金斯卫生安全中心参与了《合成生物学时代的生物防御》的编写工作，该报告作为2018年美国政府文件向联合国提交。另外，该中心也在美国政府制定2018版《国家生物防御战略》过程中发挥了重要作用。

（二）报告编制过程

研究团队在报告编制过程中综合采用了文献回顾、专家访谈、问卷调查、评估排序等多种科学方法，对相关生物技术进行筛选和评价。首先检索各主要文献数据库近5年收录的相关文献，在深入分析归纳文献信息的基础上，初步筛选出有价值的技术列表，以及拟访谈对象名单；结合专家推荐情况完善访谈名单，遴选53名访谈对象，研究领域包含生物信息学、计算机科学、武器装备、人工智能、微生物学、合成生物学、农业科学、流行病学、化学、生物工程学等各相关专业领域；通过访谈和研讨论证，获得专家对于应对全球灾难性生物风险的技术解决建议方案，以及相关技术的发展前景；借助经典的评价方法对技术列表进行评估和进一步筛选，最终确定了5大类共15种与公共卫生准备和应急响应密切相关的技术。研究团队认为，大力发展这些技术将有利于提高世界各国应对全球灾难性生物风险的能力，为识别风险和解决问题提供有效手段。

二、报告主要内容

报告共列举了5大类15种技术，认为这些技术可用于预防和应对全球灾难性生物风险。

（一）第一类：疾病检测、监测和态势感知

技术1：普适性基因组测序和传感技术，可实现对病原体毒力、传播性、药物敏感性等生物学表征的近实时测定。

技术2：环境监测无人机网络系统，适用于多种环境下的生物事件和生物恐怖活动的自动监测。

技术3：农业病原体遥感技术，可用于监测重要作物和其他植被的健康状况，以便在潜在威胁蔓延之前预有感知。

（二）第二类：传染性疾病诊断

技术4：微流体设备，是适用于床旁或其他资源受限环境下的实验室诊断替代方法，被称作“芯片实验室”。

技术5：手持式质谱，具有高度便携性，可在生物事件现场提供预先诊断，甚至在进行实验室检测之前区分病原种类。

技术6：无细胞诊断技术，消除了细胞膜的限制，利用工程化的遗传路径制造诊断用蛋白，生成肉眼可见的快速比色输出。

（三）第三类：分散式医疗产品制造

技术7：3D打印化学药品和生物制品，可用于分散式医学防护产品制造，包括个性化定制药物配方和剂量。

技术8：医疗产品合成生物学制造技术，可大幅度提高新型治疗药物和疫苗的研制和生产速度。

（四）第四类：医疗产品分发和管理

技术9：微阵列贴片疫苗接种技术，能够在紧急情况下开展疫苗的个体自我接种，减少人群完成免疫操作的时间。

技术10：自传播疫苗，可以像传染性病原体一样在人群中传播，为目标人群提供快速、广泛的免疫力获得。

技术 11：可吸收细菌免疫胶囊，适用于在疾病大流行情况下的自我给药。

技术 12：自身扩增 mRNA 疫苗，可在人体细胞内通过自我复制产生比普通疫苗更广泛有效的免疫应答。

技术 13：偏远地区无人机投送，可将医疗物资快速运送到普通运输方式无法接近的特殊地形区域。

（五）第五类：医疗救治和承载能力

技术 14：机器人和远程医疗技术，可对医疗机构以外的非传统环境（如家庭）在全球灾难性生物风险事件中提供医疗救治。

技术 15：便携式易用呼吸机，具有使用成本低、便携性好、界面直观和自动化程度高等优点。

三、报告的主要特点

如果发生全球灾难性生物安全事件，将会出现传统生物安全应对措施和手段难以奏效的极端情况。例如，依靠专业人员专业设备开展的疾病筛查诊断的需求量暴增，国家甚至全球的药品疫苗等战略储备严重供需失衡，传统的免疫接种方式不能满足大范围快速接种疫苗的需求，需要住院治疗的病人远远超出医院可收纳的床位数等。为应对上述极端情况的不时之需，迫切需要利用先进技术，开发适用于应对全球灾难性生物安全事件的先进适宜技术。美国约翰·霍普金斯卫生安全中心提出的 5 大类 15 种技术，并非原创性科学发现和颠覆性技术创新，而是具有一定研究基础和发展前景的技术集成，大部分技术本身具有一定的成熟性，但从应对全球灾难性生物安全事件的角度看，这些技术的针对性和实用性非常强，理念先进，思路新颖，值得参考借鉴。

（一）强化全新理念

全球灾难性生物风险这一概念是由约翰·霍普金斯卫生安全中心的研究人员于2017年首次提出的。他们认为，全球灾难性生物风险是一类最严重的传染病紧急事件，其主要特点是突然发生、蔓延迅速、超越国界、难以控制、后果严重。报告紧紧围绕这一全新理念，使用科学研究方法，进行了应对策略的深入分析探讨，具有很强的时效性和针对性，提示我们应当时刻关注生物防御领域全新理念，及时做好相关信息跟踪和研究部署。

（二）注重技术集成

高度技术集成，是当今科学技术发展的鲜明特色。报告中提到的应对生物风险的技术手段也大多带有明显的技术集成色彩，如无人机技术与计算机网络技术、生物医药技术与3D打印技术、医学诊断技术与信息通信技术等，无不体现出多种技术门类交叉融合带来的理念革新与技术进步，为应对全球灾难性生物风险指明了技术发展方向。

（三）突出学科交叉

学科交叉是当今世界学术主流发展方向之一，是科学前沿的生长点，也是新兴技术的孵化器，能够促成多学科协同攻克复杂的综合性问题，满足国家和社会发展的现实需求。报告中所提到的普适性测序、微流体诊断等都是多学科交叉研究的产物，涉及分子生物学、遗传学、生物化学、医学诊断学等多个专业领域。作为波及范围广、影响程度深的世界难题，应对全球灾难性生物风险需要多学科深度交叉融合，打造实用新型技术。

（四）加强医学防治

医学防治是生物事件应对处理全过程中的关键一环，是加强个体防护、减轻事件后果的重要手段。美国《国家生物防御战略》提出的一个重要目标是做好各级生物防御准备工作，并指出大力开发医学防治技术是实现上述目标的重要步骤。报告中列举的 5 类生物技术，前 2 类重点关注疾病监测和诊断，后 3 类都是与生物风险事件医学处置相关的预防、救治、康复等技术，进一步揭示了医学防治技术在生物防御研究领域中的重要地位。

（军事科学院军事医学研究院卫生勤务与血液研究所　王磊　辛泽西）
（军事科学院军事医学研究院　王华　蒋大鹏）

美国陆军依托技术联盟加速推进作战环境下认知神经科学研究

近年来，随着“第三次抵消战略”的深入推进，美军重点部署人工智能、生物科技、定向能和高超声速等领域研究，寻求获取新的领先优势。作为人工智能与生物科技的交叉学科领域，认知神经科学具有颠覆未来战争的巨大军事应用潜力，也因此日益受到美军关注。为加速抢占新兴科技制高点，美国陆军早于2010年5月即着手组建“认知与神经工程学协作技术联盟”（CaN CTA），通过汇聚世界一流的研究人员、经验丰富的行业合作伙伴和美国陆军研究实验室世界顶级的科学家，大幅提升美军对作战环境下神经认知行为的认识，并取得在未来士兵系统技术研究等领域的显著进展。

一、面向作战能力提升，牵引和明确研发需求

随着新一代信息技术的飞速发展，智能战争日益迫近，认知能力将在未来战场发挥举足轻重的决定性作用。认知能力不仅包含对复杂战场形势，

还包含对敌我军事能力的深刻认知。对作战人员而言，强大的认知能力和运动感知能力是有效利用先进军事技术的能力基础，特别是传感器部署、自动化和通信带宽等方面的技术进步，对作战人员提出了更高的信息融合处理要求。战争胜负将取决于作战人员能否充分认知信息、能否将信息有效整合以支撑决策和军事行动。面对日益复杂的信息环境，作战人员在理解和决策方面的认知短板，将阻碍先进战场技术的应用，并成为军事能力提升的关键瓶颈。美国陆军着眼未来战场对认知能力的需求，进一步明确认知神经科学发展方向，希望将认知神经科学的基础研究成果应用于理解作战人员在复杂的动态环境中的神经认知行为，持续监测和解读大脑/行为活动指标，包括：①作战人员注意力的深度、分布和移动；②作战人员对输入信息重要性的评价；③作战人员行为的动机和意图等情绪环境；④疲劳、应激等生理状态对认知和感知表现的影响。并据此进行系统开发，通过利用人类神经认知行为能力的自然属性，在动态信息的高负载、多重目标的高风险的情况下增强个体和群体作战能力。

二、制定科学愿景，厘清技术发展路径

认知神经科学属于典型的前沿交叉学科，需要汇聚各方面专业领域的优势力量，在共同愿景下凝聚共识、协同推动学科领域长远健康发展。为此，美国陆军“认知与神经工程学协作技术联盟”（CaN CTA）在深入研讨、广泛征求各方面建议基础上，依据对认知神经科学未来发展的科学研判，确立了联盟推动认知神经科学发展的科学愿景，即通过整合神经科学、心理学、运动机能学、计算机科学和工程学等学科领域的基础研究成果，致力于提高对真实作战任务环境下人脑功能机制的认识，了解作战人员在

复杂作战环境中的神经认知行为，从而增强高负载动态信息条件下的个体和群体作战能力。

为实现 CaN CTA 的科学愿景，联盟需要重点探究作战环境下神经科学研究的新方法和新能力。目前，联盟面临的主要技术壁垒是：①针对高度控制的“刺激—反应”范式与环境的试验设计限制；②缺乏高效监控大脑和身体活动状态的便携式系统；③未能全面记录大脑控制的所有行为以及影响大脑功能的生理和心理数据；④缺乏用于发现大脑功能、行为和环境之间统计学关系的数学建模方法和软件。CaN CTA 主要通过以下 5 种路径攻克技术壁垒：①开发实验范式，捕捉现实环境中体验到的多感官刺激数据流；②开发和使用新型可穿戴传感器组件和支持集成监测能力的软件系统，用于监测大脑和身体动态；③获取和处理高维数据集，用于描述身体行为、心理行为、生理行为和环境背景；④发现用来识别和解读描述高维数据集的统计学关系模型和新方法，这些高维数据集反映了大脑功能、行为和环境在执行复杂作战任务中的动态变化；⑤从参与者的大样本中获取和分析数据，以描述个体之间和个体内部的差异，系统研究来源于认知监测的个体模型之间的关系。

三、强化军民科技融合，加速技术创新与转化

“认知与神经工程学协同技术联盟”真正体现了军民融合理念，汇聚了美国陆军研究实验室、DCS 公司、加州大学圣地亚哥分校、中国台湾交通大学、密歇根大学、奥斯纳布吕克大学（德国）、得克萨斯大学圣安东尼奥分校、卡内基梅隆大学、哥伦比亚大学、宾夕法尼亚大学、约翰霍普金斯大学、Syntrogi 公司和 Data Diego 公司等 13 家成员单位的世界一流研发人

才，通过学术界、私营企业和陆军研究实验室三方积极协作，共同推进技术创新从前沿基础研究快速转化为战场解决方案。其中，学术研究实验室是国家基础科学创新的储备库；行业合作伙伴负责进行研究成果的技术转化；陆军研究实验室则专注于以作战人员为中心的研究，确保项目解决陆军面临的技术挑战。联盟成员中不乏被广泛认可的世界顶级研究机构，其中 5 个位列前 1% 的全球高产出研究机构，3 个位列全球神经科学和行为学科领域的十大顶尖大学。

联盟主要通过与其成员签署合作协议，提供基础研究项目资助；也可通过技术转化合同授予 DCS 公司（联盟的行业领导者），开展技术转化应用。联盟的所有项目、技术、财务和行政事务由联盟管理委员会负责，该委员会由来自每个联盟成员的一名人员组成。根据联盟合作协议要求，政府只保留不超过 10% 的经费权，用于奖励向政府提交与其项目目标一致的建议案。这些“种子”项目奖励旨在为联盟追求高风险和高回报的研究方法提供灵活性，以解决联盟技术项目的研究差距。

目前，联盟开发的技术与工具，正在向联盟内外的学术界、政府和行业伙伴进行转化。联盟已与美国国防部其他机构合作，支持人类自主集成研究、神经生理学和未来技术性能研究。同时，正在与消费电子行业探讨脑电图学的应用，积极吸引消费者产品领域的潜在转化用户。此外，还与汽车行业巨头进行持续对话，讨论在汽车工业的创新应用，并拟启动合作研究项目。

四、前期研发成果显著，调整明晰未来重点领域

协作联盟制定了清晰的发展路线，即打牢基础、构建手段和研用并举，

为推动认知神经科学发展提供了强有力的支撑。

在“认知与神经工程学协作技术联盟”成立后的前 4 年，为增强对复杂环境下相关行为的大脑功能机制的理解，联盟确定了要重点攻克的技术壁垒，通过开展有针对性的研究取得了显著进展，为联盟的未来发展方向提供了新见解。如，在用户可接受的便携式传感器系统上，实现了对现实环境中大脑和身体的全面监控；设计实现了大规模集成实验，可在更少限制和更自然的实验范式中探究大脑和身体的处理机制，大规模集成实验生成了前所未有的整体数据集，可针对不同个体的大脑处理机制进行更强大的建模，并描述差异；实现了计算方法的创新，可用于处理大规模高维数据集。

之后，联盟在进一步推进上述技术发展的同时，更加关注神经科学研究存在的一些重要差距，并将研究内容重新调整为先进算法、脑机交互技术和现实世界神经影像3 个新领域。先进算法领域重点探究大规模集成实验产生的大型多元数据集，创建和改进算法，从而使未来的脑机交互技术更加强大和安全。脑机交互技术领域重点解决限制广泛采用脑机交互技术的关键问题，主要通过开发可适应心理状态变化的脑机交互算法，直接解决潜在的稳健性和非平稳性问题；通过使用新的机器学习方法，提高脑机交互技术针对新用户进行快速和准确调整的能力；通过将脑机交互技术与智能辅导技术相结合，构建人类机器人通信词典的新方法。现实世界神经影像领域重点探究现实世界的压力和疲劳波动，拓展在实验室外进行大脑检测，通过利用已开发的整体监测方法，影响真实环境和模拟环境中的行为。此外，联盟还将拓展干电极的无线脑电图学系统的开发与应用，研究提高干电极材料可靠性和性能的方法。

为引领未来发展，联盟正不断探索未知领域，力求发现更多的信息系统设计方法，开发更强大的脑机交互技术。其未来发展重点有3项：一是脑机交互技术的稳健性研究。联盟从第5年开始研究目前长期应用的脑机交互技术原理和模型的稳健性，完善对大脑长时间处理过程稳定性的认识，提出未来脑机交互技术在修正用户变化上的具体需求，该项目为期3年。二是压力和疲劳研究。压力和疲劳是认知能力下降的主要原因，联盟将检测日常现代生活（如开车和大学课程学习）中感受到的疲劳和压力，继续改进在现实环境中获取多元神经成像数据的方法，从而提高对压力和疲劳影响的理解，促进压力和疲劳在现实世界环境中的作用机制研究。此外，本研究还将推动中国台湾交通大学、美国加州大学圣地亚哥分校等联盟合作伙伴的闭环驾驶员疲劳管理等技术的进一步成熟与转化，提出将驾驶员与自适应巡航控制等车辆自动化进行集成的新思路。三是算法研究。主要用于探索大型多元数据集。大规模集成实验数据测试的方法也将应用于上述工作收集到的大型多元数据中，以便能够在现实世界中对受试者内部和受试者之间的差异进行分析。

（军事科学院军事科学信息研究中心　郝继英　魏俊峰）

（军事科学院军事医学研究院　高艳玲）

美军人效增强技术进展分析

从古希腊重装备步兵的矛与盾、中世纪骑士的盔甲，到第二次世界大战时期利用各类药物来提高警觉、抑制疲劳，甚至使人产生战无不胜的幻觉，到如今“外骨骼”、神经认知增强技术的应用，人机交互的发展，打造“超级战士”一直是世界各国军事机构的终极目标。

一、药物应用于增强人体效能历史悠久

第二次世界大战期间，芬兰人在1939—1940年间的苏芬战争中，使用了大量的海洛因、吗啡和鸦片，苏联人则使用“战壕鸡尾酒”——一种伏特加和可卡因的混合物。而纳粹德国申请了脱氧麻黄碱（冰毒的前身）的专利，在看到它能增强警惕、抑制疲劳并使人产生战无不胜的幻觉功效后，将其以工业量级的规模使用于军队。于是，在法国战役之前，德国军队订购了3500万片该药物，现在被认为是1940年春天德国迅速战胜英法联军的原因之一。1944年，纳粹德国开发了一种更强大的药物D－IX，它是一种由羟考酮、可卡因和甲基苯丙胺混合而成的药物，原本是为特种潜艇突击

队提供，因为这支部队需要在长达 4 天的任务中保持清醒。盟军也积极响应，实地测试了该药物对士兵效能的影响，并允许士兵使用苯丙胺。类似情况，第二次世界大战期间，英国和美国军队共使用安非他命类药物 1.4 亿片。安非他命的使用并没有随着第二次世界大战的结束而停止，在朝鲜战争和其后的东南亚冲突中，美军广泛使用了这些药物；据美国空军的一名成员报道，这些药物在越战期间“像糖果一样”随处可见、触手可及。如今，右旋安非他命（被称为“go - pill”）仍然是夜间轰炸任务等疲劳作业的标配，但药物作为增强人体效能领域的主要手段面临越来越多的伦理学质疑，士兵的自我保护意识也已经彻底觉醒，美军在寻求药物增强人体效能之外，更多地开始追求外力增强体能、神经认知增强以及生理机能优化等方面提升人体效能手段。

二、外力增强体能、神经认知增强与生理机能优化等是当前研究重点

DARPA 早在 2002 年就经论证研究后提出，士兵已经成为现代军事系统中的薄弱环节，需要提高士兵能力，并投资打造更优秀的士兵。在该领域，除了研究战场医疗技术、提高人员抗性、缓解损伤以及加速康复等，DARPA 外骨骼允许单兵携带 45 千克的设备，而代谢消耗却降低了 25%。雷声公司的动力外骨骼系统使步兵能够抬起 120 千克的重物，或背负 60 千克的装备；DARPA 目前正在研发的 Z - Man 技术，使士兵能够像壁虎一样攀岩走壁，在 2014 年的一次示范活动中，一个体重 100 千克的人，借助于一副简单的手套，轻而易举爬上 8 米高的玻璃墙，并可以毫不费力地扛起 25 千克的重物。

神经科学与人机接口是美国军方尤其是DARPA研究的重点领域，也是近年进展最快的领域之一。该领域覆盖了感觉知觉、运动神经、外周神经、中枢神经等不同接口技术，以及基于神经接口的假肢康复技术等。该领域的研究既有面向解决战场创伤康复的革命性假肢、恢复主动记忆等项目，也面向人机扩展与脑机通信，如可靠神经接口、大脑调制解调器植入、靶向神经可塑性训练等项目。

2017年4月，DARPA发布方案征集公告，寻求利用神经科学、心理学、认知科学等相关学科的最新进展，重点开展人体效能优化、人机系统结合、生物系统行为设计和控制，以及突发传染病应对策略等领域的研究和技术开发等。2018年5月，DARPA宣布其下一步研究将重点关注的16个技术领域，包括推进神经系统疾病的治疗并优化人体机能、研制生物体与物理世界的无缝混合系统、开发支持人类在极端环境作战的技术、实现生物组件在军事系统中的应用等，充分反映了美军当前人体效增强研究的重点。

三、人机完美融合、基因优化等是美军未来发展主要方向

（一）武器装备主动感知人类差异

2017年起，美国陆军研究实验室（ARL）开展“人类多样性差异项目”研究，该研究类似于没有剧本的军事版电视真人秀，试图通过交互式传感器将人类与其所在环境相连接，将各种各样的人体生物物理信号转变成机器可读的数据，基本目标是能够以更高的精度和准确度来预测人们在特定工作领域或任务中的表现。目标是通过了解士兵身体内部状况，更好地与武器装备契合。照此发展，下一代战斗机、防弹衣、计算机系统和各

类武器装备对飞行员、士兵和情报分析人员的了解将比他们对机器的了解更深入。为了实现这一目标，美军正在资助研究人员设计全新一代的可穿戴式健康监测器，探索如何检测注意力、警觉性、健康和应激等方面的微小变化，并将这些信号传递给机器。

陆军研究实验室的研究人员已经对受试者进行了为期6个月至2年的监测，并希望把这一做法扩大到其他军事训练环境。其最终目标是，士兵佩戴的传感器可以告诉军队指挥官每位人类士兵从战场到后方的表现如何，或者促使士兵以最佳能力表现。研究人员希望能够将更多的信息输入未来的作战服，对自然存在的人类多样性差异的了解越深入，武器系统就能越好地适应人类。研究团队准备利用3D打印技术将连续式脑电图仪置入头盔中，并与每位士兵的头部完美贴合。

同时，美国空军成功地测试了一副具备“生理监测能力”的新型头盔，其抬头显示器可以根据飞行员的自身感觉和其他因素显示各种信息。目标是根据每位飞行员独特的生理和精神优点和弱点以及当前生理状况，使飞机能够聪明地知道飞行员需要什么样的帮助，向他们展示不同的体验。研究人员和合同商预计，这一新型头盔将指导美国下一代战斗机的设计，新一代战斗机预计将于2025—2030年间成功试飞。

（二）试图对士兵进行编程和解编程

美国空军生物环境工程部门正在开展一项名为“全面暴露健康”（Total Exposure Health）的项目，目标是收集和分析士兵在战场以外所发生事情的尽可能多的数据，并按照所暴露的分子物质进行分类。军人与环境有着大量的互动，包括居住环境、工作场所，研究人员可以对此加以检测，了解具体的环境暴露。进一步把这些信息转变成结构化数据，通过算法就可以深入了解个人如何与环境实时互动。如果“全面暴露健康”项目取得成功，最终会让人们对如何选择自己的未来健康有极其详细的了解。有可能提前数年就可以准确知道任何行为的健康后果，拥有了解未来健康可能的能力就会有能力对其施加影响与改变。基因与经历、先天与后天、遗传与环境的相互作用，正在从神秘走向可知，或者至少更可知。

（三）基因工程技术是人效增强领域的终极工具

首例基因编辑婴儿的出现突破了人类伦理道德的底线，基因工程技术也越来越成熟。美军研究发现，多巴胺在人类冒险行为中发挥着重要作用。多巴胺水平至少部分受控于单胺氧化酶 A 基因（MAOA）。MAOA 的一个特异性突变体称为 VNTR 2，被发现与反社会暴力行为相关。虽然美国军方坚称不会对军人开展基因工程，也没有这样做的计划，但美军认为他们未来面临的战争是高度混乱和紧张的城市战。人口向大城市流动的特征意味着更多的巷战，同时需要制定更多的规则保护平民，而对手则可能不受法律或规范的约束。美军在感到无法与对手保持实力均衡时，极有可能放弃现有的伦理道德框架，迅速采纳基因工程技术工具。

（军事科学院国防科技创新研究院　李长芹）

3D 打印仿生技术进展分析

自然界在数亿年的演化过程中，进化出了具有优异特性的生物结构和功能，各类仿生技术和产品不断产生并得到广泛应用。随着仿生 3D 打印技术的普及，全球正掀起新一轮的技术突破，为模仿和制造生物世界中多尺度、多材料和多功能结构提供了新的机遇。

一、3D 打印仿生眼原型

2018 年 9 月，美国明尼苏达大学研究人员发表了 3D 打印仿生眼的最新研究成果。该团队借助一种复合材料在玻璃半球的自由曲面上制造出图像传感阵列，实现了仿生眼原型的 3D 打印。

生物体的器官、组织是柔性的、三维的，并且对温度敏感，而通常功能电子器件是平面的、刚性的，如果通过常用技术来制造仿生电子装置，与生物学（人体）的器官、组织的特性并不相符。明尼苏达大学研究团队解决以上问题的方式是使用 3D 打印技术，提供自由几何形状的制造。该方法解决了许多可能性：①使用 3D 打印实现个性化的多功能设备架构；②采用纳米油墨作为引入各种材料功能的有利途径；③3D 打印一系列功能性墨水，以实现从生物到电子的各种材料的交织。3D 打印提供了一个多尺度平台，可以结合功能纳米级墨水，创建微尺度特征，并最终创建宏观打印对象。

明尼苏达大学研究团队表示，该技术从研究阶段到走向应用还将经历很长的道路，但目前已可以比较清晰的看到这类 3D 打印技术在制造功能电子产品时所体现的优势。以明尼苏达州大学发布的 3D 打印仿生眼原型为例，这款仿生眼实际上是一款由 3D 打印技术制造的半导体器件，能够实现 25.3% 的光电转化率，堪比用传统微电子制造方式制造的半导体器件，而 3D 打印技术能够在自由曲面上制造电子器件，这是传统微电子技术难以实现的。研究团队表示，3D 打印仿生眼原型的实现标志着研究朝着创造“仿生眼”的目标迈出了重要的一步。在未来，这种仿生眼将帮助盲人复明或者提高正常人的视力。

二、3D 打印生物工程脊髓

2018 年 8 月，美国明尼苏达大学研究人员称，他们利用 3D 打印设备制造出生物工程脊髓，该技术或可帮助长期遭受脊髓损伤困扰的患者恢复某些功能。

研究人员将先进的细胞生物工程技术和独特的 3D 打印技术有效结合，利用生物 3D 打印设备，以硅胶制成的、可生物兼容的导板为支架，将诱导多能干细胞衍生的脊髓神经元祖细胞和少突胶质祖细胞精确打印到支架内，最后形成生物工程脊髓。生成的脊髓神经元祖细胞能够在微支架通道中分化并延伸出轴突，形成神经元网络。

研究人员指出，3D 打印细胞非常困难，而要让打印的细胞保持活性则更加困难。他们测试了几种不同的配方，最后才做到让75%的细胞存活下来，并变成健康的神经元。这种技术打印出的生物工程脊髓可以植入患者脊髓损伤区域，连接损伤区域上下方之间的神经细胞，帮助那些长期受脊髓损伤困扰的人减轻痛苦，恢复对肌肉、膀胱等的控制功能。

研究人员表示，采用3D打印的脊髓神经元祖细胞和少突胶质祖细胞成功制备生物工程脊髓，表明其开发的这种多细胞神经组织工程方法是可行的。这种新型3D打印技术也可用于制备新型仿生水凝胶支架，能够在体外模拟复杂的中枢神经系统组织结构，从而帮助开发新的脊髓损伤等疾病的治疗方法。

三、3D打印仿生假肢臂

2018年5月，非营利组织Limbitless Solutions与美国俄勒冈健康科学大学的研究人员合作，为儿童制作3D打印仿生手臂。Limbitless Solutions指出，该项研究的目标是通过创造性的、功能强大的3D打印仿生手臂修复体，赋予孩子们过正常人生活的权利。3D打印仿生手臂的肌电臂使用两根导线，放置在皮肤上并在肌肉弯曲时激活，其临床试验已在佛罗里达中央大学开始实施。

研究团队将工程、设计甚至是视频游戏应用于3D打印仿生假肢的训练，帮助儿童尽快熟悉和使用该产品。研究人员表示，每年全球有数万的孩子失去肢体，而传统假肢的造价可以达到10万美元以上，并且由于儿童成长速度很快，远远超出设备的适应力，因此通常不在保险范围内。3D打印仿生手臂，成本只有传统假肢的1%，除了在功能性上完全达到了孩子们骨骼发育的需要，还引入了艺术性的外观设计，成功地将艺术、工程和设计融合在了一起。在视觉效果上，非常符合孩子们的喜好。此外，假肢内还应用了智能化设备，能够有效地提高孩子们抓握物体的能力。

该项临床试验将招募20名儿童，他们将接受定制设计的3D打印假肢。在未来一年的时间里，他们将接受有关如何使用假肢产品的培训。该临床试验还将在6~17岁的儿童中测试假肢的功能，以了解假肢如何用于专业治疗并评估其对参与者生活质量的影响。临床试验将有助于美国FDA确定该假肢产品是否能进入医疗市场，并纳入保险。

四、3D打印仿生血管组织

2018年8月，美国哈佛医学院附属布里格姆妇女医院的研究人员开发了一种3D仿生打印管状结构的方法，可以更好地模拟人体内的天然血管和导管。

研究人员指出，3D仿生打印技术允许微调打印组织的特性，例如层数和运输营养素的能力。这些更复杂的组织为受损组织提供了潜在可行的替代品。研究人员将人体细胞与水凝胶混合，并优化水凝胶的化学性质，使人体细胞在整个混合物中增殖，以制作用于3D仿生打印血管的材料，并将这种材料填充到3D打印机里。研究人员还开发了一种定制喷嘴，可以连续打印最多3层的管状结构。

许多疾病都会损害人体的管状组织，如动脉炎、动脉粥样硬化和血栓形成损伤血管，而尿路上皮组织可能遭受炎性病变和有害的先天性异常。研究人员发现，通过使用人内皮细胞、平滑肌细胞和水凝胶的混合物作为打印材料，他们可以打印出模仿血管组织和尿路上皮组织的组织。

研究人员表示，血管由多层组织组成，而多层组织又由各种细胞类型组成，因此血管具有不同的尺寸、厚度和性质。3D 仿生打印组织的结构复杂性对其作为天然组织替代品的可行性至关重要。该团队计划继续进行临床前研究，进一步优化 3D 仿生打印材料的成分及打印参数，目的是创造具有足够机械稳定性的管状结构以维持身体机能。

（军事科学院军事医学研究院卫生勤务与血液研究所　张音）

美军下一代非侵入性神经接口技术

2018 年 7 月，美国国防高级研究计划局发布了其“下一代非侵入性神经技术”（N3）项目征询建议书（Presolicitation），旨在推动士兵与人工智能（AI），半自主、自主武器装备的完全交互能力，实现战场士兵的超级认知、快速决策和脑控人机编队等超脑和脑控能力。

该项目希望实现下一代非侵入性神经技术，但实际上并未明确具体的技术方法，所列技术原理只是项目需求。

一、基本情况

2018 年 3 月 16 日，DARPA 生物技术办公室提出 N3 项目，开发高分辨率的便携式神经接口，能够同时读取和写入人脑的多个位置，在非手术的情况下实现脑和系统间的高水平通信，从而把先进神经技术应用于健康士兵，支持美国国防部在未来改善人机交互。7 月，DARPA 发布了跨部门公告（BAA），围绕技术需求向工业部门征询建议书，目前项目进入承研方遴选阶段，预计在 2019 年初授予合同。在 DARPA 的 2019 财年预算中该项目的 2018 年和 2019 年总费用为 2703. 5 万美元。

目前，脑机接口领域的侵入性神经技术能够精确地、高质量地连接到特定的神经元或神经元组，已用于脑损伤等疾病患者，但不适于健康人群；脑电图、经颅直流电刺激等非侵入性神经技术远达不到实际工作中所需的精确度、信号分辨率和便携性要求。DARPA 生物技术办公室根据生物医学工程、神经科学、合成生物学和纳米技术等领域的最新进展，认为现在可以实现高分辨率的下一代非侵入性神经接口技术。

N3 具有无需手术、分辨率高、精确度高、延迟时间短、人脑信号的同时和多位置读写等优点，将成为提高超级士兵的认知和决策能力、士兵和武器装备信息交互以及士兵意念控制武器等的重要手段。根据目前的 DARPA 神经科学项目，神经科学与脑机接口是其研究的重点领域，也是近年进展最快的领域之一。该领域覆盖了感觉知觉、运动神经、外周神经、中枢神经等不同接口技术，旨在增强士兵的认知和决策等能力，大幅提升脑机交互和脑控技术。

二、技术原理

N3 具有较高的时空分辨率和较短的延迟时间，功能与目前的微电极技术类似。是集成神经记录（读出）和神经刺激（写入）的双向接口技术。该技术专注于两种方法：无创和精创（Minutely Invasive，与医学微创（Minimally Invasive）区分）神经接口。

无创神经接口是通过外部刺激器和传感器实现机器与脑神经的直接通信。精创神经接口是通过将纳米传感器精确导入特定脑神经位置，与外部传感器和刺激器相互作用，实现机器与该位置脑神经的直接通信。

无创神经接口包括集成到身体外部设备（1 个或多个设备，图 1（b）左侧）中的传感器和刺激器子组件。精创神经接口包括读取和写入大脑内部的纳米传感器（图 1（a）），与内部纳米传感器相互作用的外部子组件和集成设备（图 1（b）右侧）。

N3 技术可超越与动作电位相关的传统电压记录，包括光、磁场/电场、射频和神经递质/离子浓度等类信号。这些非典型信号通过新算法实现对神经活动的精确解码和编码。N3 接口包括一个计算和处理单元，提供与任务相关的神经信号解码，控制设备与相关应用程序交互。还将从应用程序中编码信号，并将感官反馈传递给大脑。处理单元以最小的系统延迟实时解码/编码（图 1（c））。图 2 显示了下一代非侵入性神经接口的概念原型预期框架。

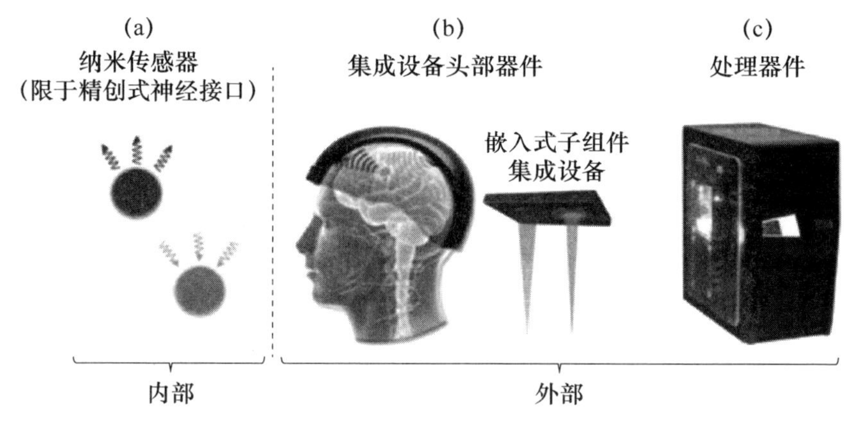

图 1　N3 概念原型

（a）支持读写功能的纳米传感器（仅适用于精创神经接口设备）；（b）左为用于实现与大脑的多焦点交互的多个设备的概念图，（b）右为至少两个子组件集成到一个设备中；（c）N3 系统和应用之间的解码和编码计算的处理器件。

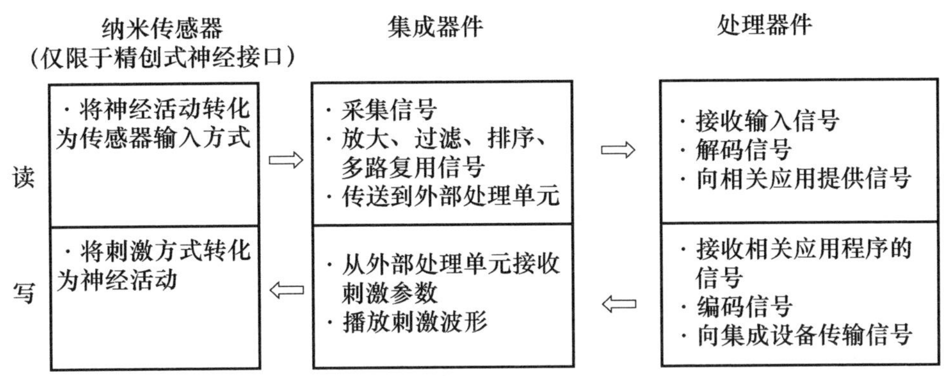

图 2　N3 概念原型的预期框架

无论是无创还是精创神经接口的开发，都需要克服非侵入性神经接口的信号散射、衰减和信噪比等问题。

（一）无创神经接口

无创神经接口包括传感器和刺激器，这些传感器和刺激器不破坏皮肤并且达到神经集成分辨率。是将神经接口作为闭环系统，进行信号的解码和编码，向大脑提供感官反馈。N3 对无创神经接口的最终要求是：在 50 毫秒的延迟时间内接收输入信号、解码、编码以及向集成设备发送信号的处理单元。无创神经接口的开发预计分 3 个阶段。

首先是子组件的开发，包括神经记录和刺激子组件，是对神经信号的读出和神经刺激信号的写入进行处理的器件。系统设计包括：创建读出和写入的子组件；传感器和刺激子组件；与外部处理单元间的数据传输，解码和编码算法；以及相关的加工或制造工艺。本阶段需要演示子组件满足性能指标并保证子组件的读写功能持续运行 2 小时以上。

其次是集成读写子组件，并在体内验证集成器件。需要评估和降低子组件间的串扰和干扰、设计整个系统的延迟标准、将读写功能集成到设备。

需要开发解码运动信号和编码感觉反馈算法，解码算法必须能将 N3 记录的神经信号转换为便于多自由度控制的控制信号。编码算法必须能从任务环境中解释信息并转化为刺激模式，向用户提供有关任务的感官反馈。阶段Ⅱ需要进行两次演示：在动物或人类中的开环读写功能；在高级哺乳动物或人类中演示集成系统的闭环读写功能。

最后是改进系统算法，将系统延迟降低至 50 毫秒，增加控制自由度，并增加指标中所列出的编码感觉信号的数量。允许设备在不同大脑区域中的多焦点读出和写入能力。阶段Ⅲ需要进行人体实验以及与相关应用的演示，如在虚拟现实系统中控制多个无人机，同时接收感官反馈来描述每个无人机的状态。

（二）精创神经接口

精创神经接口包括放置在感兴趣神经元及其附近的纳米传感器和皮肤外部的集成传感器、刺激器装置。传感器和刺激器位于颅骨外部，与纳米传感器相互作用，以实现高分辨率的神经记录和刺激。纳米传感器要实现最佳递送路径和细胞类型的特异性。

精创神经接口允许纳米传感器的非手术递送，如摄入、注射或鼻腔给药等方式，包括自组装、病毒载体、分子、化学纳米颗粒或病毒载体等技术，可以将信号递送至感兴趣的神经元，达到单个神经元分辨率。在此应用中，不会造成组织损伤或自然神经回路阻碍。精创神经接口的精度度量更严格，需要单神经元的空间分辨率和更多控制和感官信号。精创神经接口的开发预计分为以下 3 个阶段：

首先是开发读写子组件和纳米传感器以及两者的相互作用。设计纳米传感器的封装材料、细胞类型特异性的抗体或促进剂。在此过程需要进行神经读写的概念演示体外验证。

其次是从体外过渡到哺乳动物的应用，将纳米传感器递送到动物大脑中验证，实现系统集成、安全性和组织学研究。

最后是细化系统参数满足度量标准，改进系统算法，将系统延迟降低至 50 毫秒，增加控制的信号数以及编码的感官信号数。扩大设备数量，实现在不同大脑区域多焦点的读出和写入。最终实现在人类受试者中的演示以及与相关应用的交互演示。

（三）技术性能指标

N3 采用一些性能指标来设定设备的有效性，这些度量标准有：精确度、通道数量、设备大小、感官信号、多焦点能力以及认知指标。其中精确度、通道数量、感官信号以及多焦点能力较为重要。

N3 采用“地面真实”的信号记录方法比较神经信号读取的精确度。通道数量是在一定脑容量内的单个神经元读取或写入的通道个数。N3 需要记录和解释感官信号的方法，感官信号包括看、摸、听、尝、说或闻等。N3 需要多个双向装置，围绕受试者头部，实现脑部的不同脑区的交互神经记录和刺激。

三、技术挑战与潜在问题

美军的 N3 项目要实现士兵的超脑和脑控能力，实现士兵与机器的无线脑机交互，与 AI、半自主与自主武器装备交互组合，如让士兵头脑成为高速 CPU 以实现快速决策和认知，让士兵用意念控制无人机蜂群编队等以实现人机组合。不过，要实现上述目标，N3 项目还面临一系列的技术挑战和伦理安全等问题。

（1）N3 面临多项技术挑战。首先要克服信号散射、衰减和信噪比等问题。其次是在实战应用中面临的问题，如克服各种防护装备的信号屏蔽，以及将 N3 装备士兵而不受信号干扰和屏蔽的影响等。

（2）可能导致士兵精神或神经性疾病。N3 项目在实施过程中，如果实现完全的人机交互，人与 AI 交互中的人类决策所占的比例问题，以及士兵的认知负荷等都需要认真考虑，如给人脑增加太多认知会使士兵认知负荷过重导致精神或神经性疾病。

（3）完全的脑机接口实现会带来伦理和安全问题。实现人脑和机器的交互，人的意识（记忆、思想和情感等）可完全上传和下载，随时给士兵脑部输入各种战术技能的记忆和思想，将完全颠覆人脑学习能力。当然，这些技术也可能成为未来对手攻击的一种手段，可能会给士兵带来意识混乱、精神控制等毁灭性后果，引发伦理和安全关切。

（军事科学院军事科学信息研究中心　薛晓芳　杨俊岭）

医学信息技术推动美军卫生系统改革

美军卫生系统拥有近700所军队医院和诊所，其TRICARE医疗计划是美国第四大医疗计划，为分布在世界各地的940万名受益者提供医疗服务，保障对象包括所有现役军人、家属及退休人员。美军医疗卫生服务目前由陆军、海军、空军和国防卫生局（DHA）分别独立管理，导致了医疗服务存在差异和效率低下等。

为此，美国2017财年《国防授权法案》计划改变现有管理结构，将美军卫生系统转变为一体化的医疗卫生与战备体系。该法案规定了一系列行动计划，旨在优化与实现四大目标：更高战备、更好健康、更佳医疗、更低成本。最终目的是：确保受过良好训练、保持战备水平的军队医务人员，为保障对象提供完善的医疗保障，并作为单一事业有效履行任务职能。美国参议院将此次战略转型概括为："美军卫生系统有史以来最全面彻底的改革"。

一、美军卫生系统的转型改革

2017财年《国防授权法案》规定，对军队医院和诊所进行集中管理，确保美军卫生系统能够更加关注战备，提供统一的、高质量的医疗保障，并解决臃肿重复与效率低下的问题。目前，陆军、海军、空军和国防卫生局各自分别提供医疗保障服务，其整合程度各有不同。新法案将美军卫生系统整合为统一的综合性事业后，将重点关注保障对象的期望价值，改善每一位患者的医疗保健状况，推进 TRICARE 医疗计划的现代化。随着《2017 财年国防授权法案》的通过，美国国会启动了美军卫生系统组织结构重组，由国防卫生局负责管理美国陆军、海军和空军下属的所有医院和诊所。

（一）实现机构重组，全军卫生信息系统统一管理

法案规定从 2018 年 10 月起，国防卫生局局长将全权管理所有医疗机构（MTF），不仅包括预算控制，还包括信息技术部署、卫生保健行政管理等。具体是由一名负责信息技术的助理局长帮办和另外三名负责财务、卫生保健和医疗事务的助理局长帮办负责医疗机构的卫生信息系统的建设，同时向国防卫生局的助理局长汇报，而该助理局长向局长汇报。改革完成之后，美国陆、海、空三军之间的卫生信息技术（HIT）将实现全面连通，实现全军医疗信息数据共享，所有卫生信息技术的采购、所有权和运行管理将实现统一组织、集中管理。

美国国防卫生局正在有步骤的进行组织机构改革，成立直接向国防卫生局局长汇报的职能管理办公室（Office of the Functional Champion）。该办公室主要致力于领导实现、促进和传播新型电子健康档案系统。美国国防卫生局将利用卫生信息技术实现卫生系统转型，负责所有医疗机构的管理，进一步扩大、巩固和授权该职能办公室的作用。

（二）建立高效的军民融合综合卫生系统

美国国防部将与健康维护组织、综合卫生系统、医疗组织及其他系统合作，建立高效的军民融合综合卫生系统。主要致力于改善患者对医疗的获取性，强化医疗机构供应商的管理，实现人力资源、设备和培训资源的共享。该系统建成之后将明显提高健康质量标准，提高效率以减少医疗护理差异和避免医疗失误，改善人口健康和早期疾病检测，开展疾病预防和治疗活动等。

（三）改善患者对医疗保健服务的可及性

法案要求改善患者及时有效地获得卫生保健服务，由国防部长负责实施统一的标准化医疗预约系统。全军使用统一的预约系统，同时为医疗服务供应商制定统一标准，并在整个医疗服务系统中提高远程医疗的利用率。美国国防部将提交一份关于卫生信息技术应用的报告，以实现与退伍军人事务部（VA）互相协作，目前该报告尚未完成。

（四）优化军队医院和诊所作为医疗战备力量的训练平台

具体措施包括：确定具备I级、II级战伤救治能力的军队医院和诊所，作为主要医学中心和训练平台，以及军事医学研究生教育的基础。法案规定，提供这类战备训练的军队医院和诊所，其医疗保障范围扩大到退伍军人和地方平民，以便增加医务人员的知识、技能和能力。其他军队医院和诊所将根据战备需要及当地平民医疗服务的可及性，分别担负医院或门诊医疗中心职能。同时，国防部将审查军队研究生医学教育计划，确保其教学内容与军事行动战备需求保持一致。

新法案为军队医疗机构与地方医学中心、创伤教学医院建立伙伴关系提供了机会，为复杂、严重创伤患者提供了更多的救治机会。医疗卫生领域高效率的军民融合应当在改善患者可及性、治疗、预后的同时，提高双方的军事医疗技能。鉴于维持一支训练有素、随时待命的战伤救治队伍势在必行，国防卫生局将负责领导管理国防部联合创伤系统，并成立联合创伤教育培训部门，重点关注规范化战伤救治、科研转化、制定临床实践指南，加强战场伤亡和国内大规模人员伤亡的救治。

（五）实现 TRICARE 医疗计划的现代化

新法案规定，国防卫生局负责 TRICARE 的现代化，目前有两种综合性选项可供选择：管理型医疗计划和优选型供应商网络。未来发展战略重点关注医疗质量、安全、体验和效果，而不是医疗规模和强度，并将开展试点与示范项目，根据患者确定的临床效果来节约成本、创造价值。

二、利用信息技术开发新型电子健康档案系统

美国卫生与公众服务部（HHS）资助的卫生信息技术和卫生系统转型分析报告中指出，美军需要的不仅是每一个军人的电子健康档案的基础数据，而且这些数据必须具有流动性，能够集成到工作流中并可进行分析，这需要多年的卫生信息基础设施建设才能实现。为了构建现代化综合卫生保健系统，必须对老化的基础设施进行进一步发展和多样化改造，GENESIS 的部署以及《2017 财年国防授权法案》要求的组织结构重组为美军卫生系统提供了前所未有的机遇。

（一）目前美军卫生系统存在的问题

在美军卫生系统提供的卫生保健服务中，60% 以上都来自地方医疗机构。在 2017 财年，美国国防卫生局伤病员救治近 250 亿美元的经费中，只有 92 亿美元是军队医疗机构提供的服务，而近 160 亿美元用于购买地方资源。《2017 财年国防授权法案》指出美国国防部与地方医疗机构应建立紧密联系的综合网络，提供更广泛的医疗服务，同时持续跟踪伤病员的健康质量和人口健康指标。

美军卫生系统军队机构服务和地方医疗服务之间存在不一致性等问题，特别是在质量指标、卫生保健信息数据汇总和分析方面能力显著不足。虽然目前美军卫生系统陈旧的电子健康档案还能够支持健康服务，新建立的 MHS GENESIS 将进一步加强系统的协调性，但是协调范围仅限于美军卫生系统的军队医疗服务网络，这就要求军队和地方提供具有可比性、透明可见的卫生保健服务。同时增加了跨区域伤病员的数量，因此需要更强大的数据链接、汇总和分析卫生保健信息的能力。

2016 年 6 月，美国通过“虚拟终身电子记录健康信息交换”（VLER HIE）协议，军民医疗机构在数据相互链接方面迈出了第一步。目前只有小部分民用医疗服务机构与国防部和退伍军人事务部实现数据链接，提供了诸如处方、过敏、疾病、检验和放射学诊断结果、免疫接种等一些重要信息。但是仍然缺乏必要的健康监控、管理指标以及其他医疗服务详细记录，因此有必要利用新型信息技术加强当前的健康信息交换和共享。

（二）启动和部署 MHS GENESIS 系统

为了实现美国《2017 财年国防授权法案》所设想的医疗体制改革的长期目标，实施统一的卫生信息系统，扩大远程医疗能力，美军大力运用现代信息技术发展新型电子健康档案系统。美国国防部于 2015 年 7 月与 Leidos、Cerner、Accenture 等企业联合签订了一份价值 43 亿美元的合同，旨在建立名为 MHS GENESIS 的新型电子健康档案（EHR）系统，该系统涉及整个美军卫生系统，将取代老化陈旧的原电子健康档案系统。项目实施一年多以来，于 2017 年 2 月和 7 月进行了两个试点机构的部署，预期将于 2022 年完成全部美军卫生系统部署。

尽管 MHS GENESIS 提供了更好的患者参与和访问的平台，但给美军卫生系统供应商带来更多压力。美国医学会资助的一项研究结论指出，医生每天有近50%的时间用于电子健康档案和案头工作，只有不到1/3的时间用于与患者直接面对面诊疗，同时还要及时进行医学继续教育。此外，美国卫生系统的远程医疗系统有着悠久的历史和先进的技术，但始终没有与老式的电子健康档案集成。其主要原因是缺乏关于健康文档的记录、收费和服务标准等相关政策，缺乏适当的电子健康档案数据字段及用于远程医疗会诊必须的相关信息。及时开发和部署MHS GENESIS给远程医疗的开展提供了更好的服务。

三、措施和经验

《2017财年国防授权法案》全面推动了美军卫生系统的转型，利用卫生信息技术开发的MHS GENESIS是实现《2017财年国防授权法案》目标的基础。《2017财年国防授权法案》进行广泛的组织管理和机构重组，为卫生系统转型提供了组织管理保障，同时注重卫生信息技术人才培养为转型顺利进行提供了人才保障。

（一）多个卫生系统全面整合

美国国防部和退伍军人事务部一直处于开发和使用电子健康档案的最前沿，建立了综合保健系统、武装部队卫生技术应用系统、医院信息分析系统和退伍军人信息系统，这些系统维护和数据采集工作变得越来越复杂昂贵，已无法运行和维护。此外，各个系统之间缺乏互操作性。根据美国《2017财年国防授权法案》的规定，需利用现代化信息技术对多个卫生系统进行整合。美国国防部进行的MHS GENESIS开发部署和退伍军人事务部最近宣布选择塞纳电子健康档案，主要基于现代信息技术构建电子健康档案框架，从一开始就内置了互操作性。利用数字医疗平台、云技术、大数据分析等新型信息技术，不仅使两个机构能够实现无缝共享健康数据，而且将实现跨越两个机构进行伤员伤情分析、诊断、治疗、健康状况等整个救治链条的医学信息共享，进行深层次的分析和可视化操作。

(二) 进行组织管理机构改革重组

对超过950万人服务的电子健康档案系统进行更新和现代化，是一项庞大的具有挑战性的工作，MHS GENESIS开发部署要求开展广泛、有组织的机构管理变革，使卫生信息技术组织正规化。《2017财年国防授权法案》指出美国国防卫生局负责美军所有医疗机构的管理和运营，并对其进行改革。美国国防卫生局在陆军、海军和空军范围内采用统一采购的电子健康档案，强化构建统一的领导和组织指挥机构。将国防卫生局建设成为一个综合的中央机构，无缝地集成人员、数据、流程和技术等。实现从上而下的机构改革重组，使卫生机构的运行和管理更顺畅，更适应卫生信息系统的推进和部署。

(三) 加强卫生信息技术人才培养

美国通过加强卫生信息技术人才培养、利用新信息学资源不断探索新技术。美军开发和部署MHS GENESIS系统，将全面取代老式电子健康档案。为了更好地实现MHS GENESIS系统开发和部署，美军不断加强卫生信息技术人才的培养，发展壮大一支临床信息学专家队伍，并为必需的信息学专家提供相应的培训。这些信息学专家能够支持未来几年美军卫生系统快速的改革和转型。

四、未来展望

美军卫生系统的首要任务是保持卫生战备状态与医疗技能，为现役军人及其家属、退休军人提供品质最高、效果最佳、方式最有效的医疗保障服务，这始终都是军队卫生系统的最高优先目标。新法案将大大促进美军卫生系统的整合，创造共同的患者体验，并推动整个卫生系统的完善提高。国防卫生局将利用数字医疗平台、云技术、大数据分析等新型信息技术，有效整合军队医疗服务与从地方购买的医疗服务，打造一支训练有素、随时准备应对各种任务的医疗卫生力量。未来，美军卫生系统将创造全新的军队医疗保障模式，为军队医疗服务水平带来革命性的提升。

（军事科学院军事医学研究院卫生勤务与血液研究所　刘伟　楼铁柱）

美军新版《联合卫勤》条令分析

美军参谋长联席会议于2017年11月发布了新版JP4－02号联合出版物《联合卫勤》（Joint Health Services），该条令是美军最高级别的卫勤保障指导性文件。现简要介绍该条令的主要内容，并通过与2012年版《联合作战卫勤保障》条令进行比较，归纳总结新版《联合卫勤》条令的特点。

一、条令概述

联合出版物系列条令由美军参谋长联席会议主席签发，根据规定，如果没有特殊情况，各军种、联合作战部队和特种部队的指挥官必须执行该条令所规定的内容。如果各军种的条令出版物内容与《联合卫勤》条令有冲突，以《联合卫勤》为准。新版《联合卫勤》条令适用于指导美军各种军事行动的卫勤保障活动，是对上一版条令（2012年7月版）的全面更新与升级。此类条令一般每5年左右更新一次，此前分别于2012年、2006年、2001年更新。美军新版《联合卫勤》条令全文共314页，主要包括前言、摘要、正文、附录、术语表等5部分。其中，正文部分共6章，分别是联合卫勤能力概述、卫勤保障、部队健康保护、作用与职责、各类卫勤保障行动、卫勤保障计划制定等。附录部分共 11 项，分别是伤病员运送、卫生物资保障、减员预防、卫勤保障的情报支援、联合调度中心和伤病员接收区域、血液管理、军种部队运输和医疗后送资源、战争法和医学伦理学问题、卫勤保障计划清单、参考文献、出版物管理说明等。

二、条令主要内容介绍

（一）联合卫勤能力概述

条令指出美军联合卫勤的原则包括：一致性、接近性、灵活性、机动性、连续性和可控性。条令将联合卫勤的联合医疗能力精简概括为：紧急救治能力、前沿复苏能力、战区住院能力、确定性治疗能力、途中救治能力。从 2012 年版条令开始，美军将医疗救治阶梯由以前的 5 级调整为 4 级。第 1 级为战（现）场急救，第 2 级为初级复苏治疗，第 3 级为复苏治疗，第 4 级为确定性治疗，分别对应前 4 项联合医疗能力。

1. 紧急救治能力

紧急救治提供基本的院前创伤生命支持，包括辅助的紧急救护、初级复苏和液体疗法、心脏生命支持。初级门诊（如救护所、诊所和建制医疗机构）可提供配套服务，包括有限的药房、实验室化验和影像检查，以及基本的行为卫生、牙科和预防医学能力。紧急救治能力也称战术战伤救治。战术战伤救治指的是在执行战斗任务中的院前创伤生命支持。军队的院前创伤生命支持通常由自救互救的卫生员和战斗救生员提供，包括陆军、海军、空军、海军陆战队、海岸警卫队的卫生员。战术战伤救治分为 3 个阶段：交火地带救治、战术战场救治和战术后送救治。

2. 前沿复苏能力

前沿复苏能力的特点是在尽可能接近伤病地点开展高级医疗急救，以达到稳定伤病员、最有效挽救生命和肢体的目的。前沿复苏救治通常提供必要救治以稳定伤病员，确保他们能够被医疗后送。这种能力包括高级急救服务、手术后住院服务、专科手术服务以及配套服务。高级急救服务是建立在急救人员能力基础之上，提供创伤生命支持、复苏救治、急救医师救治、最初的高级烧伤处理、血液和液体疗法等。外科服务通常包括创伤、普外、胸科及骨科手术能力。随后提供外科住院服务保障，包括外科手术护理、术后护理、重症护理、临时收容。

3. 战区住院能力

战区住院能力通过模块化医院配置或医院船为战区内部队提供卫勤保障，多采用模块化方式部署，为伤病员提供必要救治。除了配备大量专业医务人员，战区住院能力还包括提供初级门诊与住院治疗、高级医疗、手术及配套能力。战区住院能力将包含一些在低级医疗救治阶梯中无法提供的专业服务，包括：高级烧伤处理、验光和眼科、儿科、妇产科、牙科、预防医学、兽医勤务、内科、心脏科、重症监护病床与护理、血液科、病理科、传染病、医学营养疗法、心理健康、职业卫生、卫生物资、眼外科、颌面外科、神经外科等其他医疗专科服务。

4. 确定性治疗能力

确定性治疗能力是对伤病员伤情进行最终处理的能力，通常由位于本土的医疗机构提供，但也可由本土以外的医疗机构提供，包括全方位的预防、治疗、急救、恢复和康复医疗，并延伸到现役及退休军人的家庭。确定性治疗能力通常位于作战地域之外，伤病员可以获得最先进的医疗服务包括医务人员、物资、设施和信息等资源。

5. 途中救治能力

后送途中救治能力的目的是为处于后送途中的伤病员提供连续性救护，不影响伤员接受临床救治。后送途中救治包括从伤病员受伤或发病地点通过连续性医疗救治，运送到能满足救治需求的医疗机构全过程，提供临时医疗救护、伤病员维持及收容能力。各军种都有建制的伤病员运送工具，用来将伤病员从受伤地点后送至医疗机构接受初步救治。后送途中救治能力包括3种形式：伤病员后送（CASEVAC）、医疗后送（MEDEVAC）及空运医疗后送（AE）。伤病员后送是用舰船、陆上交通工具或飞机对伤病员进行非调度性运送。医疗后送（MEDEVAC）是指通过人员与装备齐整的专职医疗后送平台提供后送途中医疗救护，使用预先指定的战术或后勤飞机、船舶，或是其他临时配备了医务人员与装备、可提供途中救护的船只。空运医疗后送（AE）特指美国空军固定翼飞机运送受调度的伤病员，配备接受过训练的空运医疗后送机组人员。

（二）部队健康保护

在2012年版的《卫勤保障》条令中首次将部队健康保护作为单独一章进行了介绍。2017年版的《联合卫勤》条令进行了更新和补充。部队健康保护的内容包括减员预防、预防医学、健康监测、生物监测、战斗应激控制、视力防护等内容。减员预防包括各级指挥官、领导者、单兵以及医疗保健体系所采取的一切促进、改善和保护军人身心健康的措施。预防医学是对传染性疾病、地方性流行病、环境与职业暴露健康威胁的预测、预防和控制。这些威胁包括非战斗损伤、环境和职业暴露、大规模杀伤性武器和其他对军人健康与战备有影响的其他威胁。健康监测包括健康风险群体的识别、潜在危险暴露的识别和评估、采取有效对策消除和减轻暴露风险、采取医学监督流程监测和报告疾病、非战斗损伤和战斗损伤发生率等。战斗应激控制主要通过提高应激反应的适应性，预防不良应激反应，为军人提供战斗应激控制等措施，提高部队战备水平。

（三）血液管理

美军非常重视血液保障，将其单列为第八类 B 类物资，其他卫生物资属于 A 类物资。美军血液保障计划由负责卫生事务的助理国防部长制定，旨在向驻全球的美国部队提供血液制品。《联合卫勤》规定，陆军参谋长通过陆军卫生总监领导武装力量血液计划办公室。海、陆、空三军合作，对血液和血液制品进行收集、检验、加工，并运送至全球的军队医疗机构。参联会主席要对联合行动中血液保障的规划和执行情况，以及紧急事件和战争中所需启动的、武装力量血液计划办公室的所有事项进行审查并提供指导。海、陆、空军拥有满足其平时需求的独立的血液计划。各军种各自拥有经 FDA 认证的血液机构。美军战场应用的血液制品包括：液态红细胞、新鲜冻干血浆、血小板、冷沉淀及冰冻红细胞。

三、条令特点分析

通过与 2012 年版条令进行比较，发现新版《联合卫勤》条令具有以下几个特点或变化：

（一）强调联合卫勤保障能力

与上一版卫勤保障条令相比，最大的变化是条令名称由“卫勤保障”（Health Service Support）变为“联合卫勤”（Joint Health Services），更加突出联合的概念。在“联合卫勤能力概述”部分，新增加了“国防卫生局”相关内容。国防卫生局成立于 2013 年，主要由 TRICARE 管理中心、首都地区卫生机构以及其他军队卫生机构合并重组而成，同时各军种卫生部仍然保留。该次重组是美军卫生系统历史上最大规模的机构改革。国防卫生局由负责卫生事务的助理国防部长领导，同时作为美国国防部直属的作战支援局，促使陆军、海军和空军卫勤部门联合向作战司令部提供一体化、高质量的医疗保障服务。

（二）重视战术战伤救治能力

在2012年版的条令中，美军将卫勤保障的联合卫勤能力精简概括为：紧急救治能力、前沿复苏能力、途中救护能力、战区住院能力和确定性治疗能力。在“紧急救治能力”中首次提出战术战伤救治的概念，2017年版的《联合卫勤》条令进行了详细介绍。紧急救治能力的核心是基于指南的战术战伤救治技术。战术战伤救治主要用于院前阶段，可根据不同军种的任务需求通过联合创伤系统进行调整。战术战伤救治培训针对不同类型的军事行动设有4套独立的技能清单，分别针对所有军人、战斗救生员、战斗卫生员和战场辅助医务人员。战术战伤救治重点关注院前环境中的威胁和损伤，以及战术重症监护后送和途中重症救护。

（三）更新卫勤规划模拟工具

2012年版条令中美军首次将联合医疗规划工具（The Joint Medical Planning Tool，JMPT）作为军事行动中卫勤计划制定的标准参考工具。新版《联合卫勤》条令中规定联合医疗规划工具和医疗规划工具包（Medical Planners' Toolkit，MPTk）用于卫勤计划制定。联合医疗规划工具作为一个决策支持工具，可模拟产生从受伤地点到确定性治疗的随机伤员流，为医疗计划制定者提供医疗机构救治伤员的最佳资源配置。该工具基于假设的场景明确行动区域所需的手术台和床位数量，协助确定所需的医疗后送资源。医疗规划工具包由伤员生成器（PCOF）、减员率预计工具（CREstT）、远征部队医学需求预计工具（EMRE）、医疗物资预计工具（ESP）4个软件组成。PCOF 可根据应急响应行动中特定的疾病和损伤类型发生的概率模拟产生伤员。用户利用该工具自行设定特定行动的减员预计，可生成人道主义救援行动、灾害救援和各类作战行动的不同减员数据。CREstT 应用了适合概率分布的实证数据，应用科学、标准化的程序进行战伤、非战伤和疾病减员预计。该工具可快速运行，预计地面作战、海上舰船、固定基地、人道主义救援和灾害救援场景中的减员情况。EMRE 工具提供了军事行动各阶段的需求预计，包括手术室数量、重症监护病床位、住院床位数、后送人数及血液供给等。ESP 工具根据通过的伤员流预计救治一日通过特定伤情的伤员所需要消耗的医疗物资。伤员流由 CREstT 工具生成，ESP 生成一天的医疗物资消耗量，包括费用、重量和体积等信息。

（四）新增生物监测和听力防护内容

美军 2017 年新版条令的第三部分内容“部队健康保护”中首次增加了生物监测和听力防护的内容。生物监测计划是用于搜集、处理和沟通影响人、动物或植物健康的所有危害、威胁和疾病的重要信息，达到早期预警，为决策提供参考。监测范围包括大规模杀伤性武器及其他蓄意袭击、新发传染病、环境事件、食源性疾病等。主要形式是不间断地扫描和评估发现潜在威胁。医学情报能力直接影响监测效果。听力防护包括噪声导致的听力损伤的预防和监测，以及采取措施将对听力损伤的影响降到最低。长期暴露于飞机、武器、车辆、设备等环境增加了噪声导致耳聋的风险，进而影响作战能力。此种耳聋可以通过采取适当的监控和干预措施预防。听力防护对部队健康保护是一项至关重要的功能。

（军事科学院军事医学研究院卫生勤务与血液研究所　李丽娟　张京晋）

美军新版战术战伤救治指南（TCCC）及特点分析

2018年8月，美军公布了新版战术战伤救治指南（Tactical Combat Casualty Care，TCCC），新版TCCC是美军战术战伤救治委员会（CoTCCC）根据海外实战经验及循证医学证据，对1月TCCC版本进行的再度更新。

一、美军TCCC更新机制

TCCC指的是美军在战术、战斗环境中I级救治阶梯为伤员提供的救治，主要包括止血、通气、气胸、液体复苏、抗感染等技术，由士兵自救互救和战斗卫生员、营救护所和卫生排负责完成，是美军战地卫生员培训的主要内容。主要目的是在战术环境中为伤员提供高质量的急救。

战术战伤救治指南明确规范了救治人员应该掌握的战现场急救技术，是美军战现场急救的规范性指南。美军专门成立了战术战伤救治委员会，对指南进行定期更新和管理以提高战伤救治水平。该委员会是美国国家联合创伤急救体系的组成部分，共有成员42人，主要是作战卫生人员和医师等。医师包括创伤外科、急救医学、急救护理专家，另外还包括医助、医疗计划员及教育者。由于陆海空三军医疗部门各自拥有不同的原则和作战经验，委员会成员也分别来自陆海空3个不同军种，且均有作战经历。战术战伤救治在伊拉克和阿富汗战争中发挥的作用越来越大，因此美军对战术战伤救治委员会进行了重组，将其直接归于国防部负责卫生事务的助理国防部长领导。2013年2月，委员会与国防部的其他创伤系统机构合并。

2001年以来，战术战伤救治委员会一直在关注院前创伤救治（PHTLS）和技术的进展，并根据需要对战术战伤救治指南进行更新。最初每3～4年更新一次，与院前创伤救治教材的出版相一致。近两年，指南的更新频率加快，2017年8月、2018年1月和8月先后进行了3次更新。更新获批之后会在院前创伤救治和军队卫生系统网站上公布。

指南更新的依据是：①已发表的地方和军队院前创伤文献；②与军队战伤救治研究机构的交流；③由经验丰富的海军卫生员、空军伞降救援人员直接提供的信息；④军队医学教学中心提供的信息；⑤每周召开战区联合创伤系统远程会议；⑥军队和地方创伤专家的意见。指南更新的建议都来自一线战伤救治的实际情况，根据新的伤情、致伤机制而提出，所以更新的战术战伤救治指南符合新的战场环境变化，对提高救治效果发挥了重大作用。

二、2018版战术战伤救治指南主要更新内容

美军TCCC此次主要更新了关于在战场环境下伤员气道救治、疑似张力性气胸的处理以及严重休克伤员救治的建议。

（一）气道救治技术

注意伤员气道监测，监测伤员血红蛋白氧饱和度，帮助评估气道开放。

要随着时间和伤情的变化及时、频繁地评估伤病员的气道状况。

推荐i－gel作为首选的辅助通气工具。如果伤员意识朦胧或无意识，则需要人工气道帮助维持气道的通畅。美军为每名士兵配发一支鼻咽通气管，用于士兵自救互救。在新的TCCC中i－gel被指定为“首选体外通气”（EGA）工具。美军认为目前的证据表明，i－gel的性能比现有的其他辅助通气工具更好，主要优势表现在更易于培训、尺寸适合和重量轻、成本较低、更加安全、使用操作简单等。对于有直接气道损伤的无意识伤者需要气道干预，但不适合外伤性气道，考虑使用鼻咽通气管或紧急环甲膜切除术。具有面部、口腔外伤或疑似面部吸入性损伤的伤病员，鼻咽管通气和i－gel通气是不适合的，则需要进行紧急环甲膜切除术。

（二）张力性气胸方面

根据战术战伤救治指南过去的建议，对于出现呼吸急促或窘迫的伤病员要继续采取积极的救治措施，即进行疑似张力性气胸急救，而不是等到张力性气胸发生休克后再治疗。新版战术战伤救治指南强调，如果张力性气胸得不到及时救治，可能会引起休克和心脏骤停。遭受躯干创伤或原发性爆炸伤伤员会出现以下一种或多种情况：严重或进行性呼吸窘迫；严重或进行性呼吸急促；胸部一侧没有或明显减少呼吸音；脉搏血氧饱和度测得血红蛋白氧饱和度<90%；休克；创伤性心脏骤停，没有明显致命伤口。

就疑似张力性气胸的初步救治来说，如果伤员胸部密封，则去除胸部密封贴。使用脉搏血氧仪进行监测，使用针刺减压（NDC）设备。在2017年12月14日战术战伤救治工作组电话会议上，专家倾向于指明针刺减压的潜在位置，但不指定首选位置。在针刺减压中始终保持垂直胸壁的角度插入针与导管单元，然后保持针与导管装置5~10秒不动，让胸膜腔充分减压。在这一过程中如果观察到从胸部发出气流的嘶嘶声、呼吸窘迫减轻、血红蛋白氧饱和度增加或者休克症状体征改善，则说明针刺减压成功。在继续执行战术战伤救治指南的“循环”部分之前，要尝试两次针刺减压。之后救治人员应继续执行下一步救治措施，按照指南评估与治疗休克伤员。

（三）严重休克

如果休克伤员对液体复苏没有反应，可考虑将未经治疗的张力性气胸视为严重休克的可能原因。胸部创伤、持续性呼吸窘迫、呼吸音缺失、血红蛋白氧饱和度＜90%都支持这种诊断。由于出血性休克和张力性气胸休克的表现可能相似，战术战伤救治指南现在建议在进行两次针刺减压后继续治疗出血性休克。应当注意的是，未经治疗的张力性气胸是液体复苏无效性休克的潜在原因，这是治疗战伤休克的一个重要方面，以前战术战伤救治指南中没有提到这一点。

如果两次针刺减压尝试治疗疑似张力性气胸后，伤员仍处休克状态，则需进一步治疗，主要是增加简单胸廓造口术和胸部插管，救治人员应当有足够的技能、经验和权限来执行进一步的干预。这两种更具侵入性的治疗方法只建议在伤员处于难治性休克时使用，而不是作为初始治疗。

三、美军战术战伤救治特点

美军认为现代战场战伤救治能力的提高是伤死率降低的主要原因，根据美军2018版TCCC实施的主要技术及检索美军相关文献，总结美军战现场急救重点技术特点。

（一）注重战场致命性大出血控制

在现代常规武器战争中，致命性大出血仍然是战伤主要的致死原因。因此，美军特别注重出血控制技术的研究，研发了多种新型止血带、止血剂应用到战场急救中。经过伊拉克战争，美军认为战现场急救中使用止血带具有重要作用，目前的战术战伤急救指南要求积极使用旋压式止血带控制致命性大出血，优先挽救伤员生命。同时也强调，在敌方火力情况下救护，首先推荐止血带止血。美军同许多公司建立了研发合作关系，如北美救援公司就是专业研究创伤防护的公司。美军已装备了该公司生产的战场用的止血绷带，士兵单手就可以进行包扎止血。同时研发了新型交接部位止血带、骨盆固定带等，针对身体不同部位出血进行有效的控制，挽救了大量伤员的生命。

（二）注重战场损伤控制复苏

损伤控制复苏（DCR）是伊拉克和阿富汗战场美军取得的重大进展之一。最早是2007年美军根据伊拉克和阿富汗战场的实践，提出“损伤控制复苏”的概念治疗重伤员。DCR主要是为了预防低血压、酸中毒、凝血障碍发生，通过液体复苏解决凝血障碍相关的创伤性损伤。DCR主要原则是输注有限的血液制品以控制和治疗严重性出血，提高伤员战场存活率。美军在一线救护单元还配备输液加温器，可对复苏液体加温，预防低体温。

（三）加强抗感染的预防和控制

感染是战争中的主要死因，也是影响创伤后康复的重要因素，因此是美军创伤研究的重点。美军不断加强感染预防和控制，在单兵急救包配有莫西沙星，由士兵自行服用。目前美军正在研发不同生物材料的给药系统，以降低战伤感染，包括基于壳聚糖给予烧伤宁的给药系统，以及给予新型阳离子抗微生物肽的聚合脂质体复合物。美军还开展了一些新的研究，如控制感染和疼痛的生物活性创伤敷料研究，以及生物可降解聚氨酯骨微粒复合物研究，在促进骨再生同时还可以预防感染。

（四）重视战场疼痛管理新做法

美军将疼痛作为一种疾病而非症状来对待，充分表明了美军对疼痛控制的重视。美军从伊拉克和阿富汗战场后送的伤员中平均每 10 人有 5.3 人报告有疼痛症状，空运后送中平均每 10 人有 6.8 人报告出现剧烈疼痛。创伤后应激障碍、创伤性脑损伤、失眠、抑郁等加重了疼痛程度。疼痛管理通常在复苏和稳定伤员伤情后实施。美军卫生员配备了镇痛药，单兵配发了战救药包，可自行服用。美军在伊拉克和阿富汗战场上，通过应用连续外周神经阻滞技术、多种模式阿片类镇痛药及其他替代疗法、新型给药系统和综合性疼痛控制方案等措施，在战场疼痛控制领域取得了很大进步。

（五）运用骨髓腔内输液技术

美国心脏学会成人高级心血管生命支持指南和欧洲复苏指南均规定，如果在复苏前 2 分钟内不能有效建立静脉通路，需要考虑采用骨髓腔途径。骨髓腔途径作为严重创伤伤员的首选给药或输液途径。对于无法常规静脉穿刺成功的危重患者，骨髓腔输液是一种快速、安全、有效的替代途径。近年来，在军事战术环境中被外军战斗卫生员用于失血性休克重伤员抢救。美军在 2003 年更新的战术战伤救治指南中就补充了战斗卫生员接受骨髓腔输液技术培训，并随身配备骨髓腔输液装置。以军负责提供高级创伤生命支持（ALS）的医师和卫生员均接受过骨髓腔输液应用培训。

（六）改进和提高血液制品应用

失血一直是战场上伤员致死的主要原因，美军不断改进和提高战场血液制品的应用。在伊拉克和阿富汗战场上有大量的伤员需要输血，所以适当给予血液或血液制品，对挽救伤员生命意义重大。美军根据伊拉克和阿富汗战争中的实践经验，在战场血液制品的应用方面有了较大的改进和提高。美军还优化了输血伤员的血液制品比例，推荐对需要大量输血患者按

1：1：1的比例输入血液制品。在复苏液体选择方面，推荐优先使用新鲜全血，复苏液体首选全血，其次是血浆、红细胞和血小板，再次单纯血浆/红细胞、羟乙基淀粉平衡液等。同时美军还在战场应用冷冻血液制品，美军正在研究可以长期储存的冷冻红细胞或成分血，并不断研发新型血液制品，如高级复苏液、冻干血浆等。

（七）注重低体温症的预防

美军认为低体温症是第四大潜在的可存活性死亡原因，非常注重战场急救阶段的低体温症预防。低体温症、酸中毒和凝血功能障碍构成了创伤伤员的“死亡三联症”。在战现场急救阶段，救援者首先必须尽量减少伤员与低温源的接触。使伤病员仍然穿着所有的防护装备，替换任何潮湿的衣物。利用所有可用的方法为伤员保暖，如干燥的毯子、雨披衬垫和睡袋等。同时美军研发了多种设备用于低体温症的预防，如预防低温管理工具包、热毛毯、热反射防护罩、暴雪生存毛毯等，在后送阶段，可以使用便携式加温输液泵加温静脉注射液体，大大提高了伤员救治水平。

（八）注重创伤性脑损伤防治

创伤性脑损伤是伊拉克和阿富汗战场的标志性损伤，随着伊拉克和阿富汗军事行动的结束，越来越重视创伤性脑损伤的防治研究。美军创伤性脑损伤伤员中约有83%为轻度创伤性脑损伤。在伊拉克和阿富汗战争的十多年中，创伤性脑损伤的诊断治疗都取得了进展，包括早期筛选工具、治疗策略等。从2006年开始，联合战场创伤系统《临床操作指南》中，推荐对轻度创伤性脑损伤伤员给予3%的高渗生理盐水。2010年美国国防部发布了《部署环境脑震荡/轻度创伤性脑损伤管理政策指南》，规定了战场轻度创伤性脑损伤的处理原则和流程。2014年，美国国防部和退伍军人脑损伤中心发布了《轻度创伤性脑损伤临床指南》。

（九）注重急救医学监测

急救医学监测目的是开展早期活动性出血阶段的生理学监测，更有针对性地为伤员进行救治。医学监测可以辅助对伤病员的分类、诊断和决策的能力，提高战伤救治管理。美军非常注重在战场一线救治时伤员的监测，卫生员急救包配备脉搏血氧仪，利用脉搏血氧仪监测伤员的血氧饱和度，用于辅助治疗创伤性脑损伤和其他创伤。美军研发了新型便携式生理状态监测仪用于现场急救伤员监测，可以提高伤员的远程分类、诊断等前沿救治能力。

（军事科学院军事医学研究院卫生勤务与血液研究所　刘伟）

FULU

附 录

2018 年国防生物与医学领域科技发展大事记

美国海军研发新型仿生胶水材料 2018 年 3 月，美国海军研究办公室资助普渡大学的研究人员研发出一款新型仿生胶水，即便有海水冲刷，也能表现出高强度黏性。目前，人类使用的胶黏剂在湿法黏合领域的性能不佳，但海洋生物学却解决了这个遗留很久的问题——贻贝、藤壶和牡蛎具有附着岩石表面的超强能力。为了能开发出适应恶劣环境的新材料，研究人员仿照贻贝的黏附蛋白制作出一种仿生聚合物。测试结果表明，当用于粘接抛光铝片时，新胶水的表现优于目前使用的多种商业胶黏剂。同时，它也是唯一一种在测试中连接木头与抛光铝片的胶黏剂，黏性是天然胶质的 17 倍。

美国国防部建成首个军特药军民融合产研基地 2017 年 3 月，美国防部“高级研发生产基地”（Advanced Development and Manufacturing，ADM）（军特药军民协同产研基地）式运行并于 2018 年初全面启动，开启美国国防部军特药军民协同生产基地化先河。该基地突破了美军特需药研发生产链条分离的模式，军特药的产研结合基地化后，能够较好地满足紧急情况的药品研发生产项目部署，更好地解决时间和成本问题，为军队提供专门、快速、灵活的军特药研发生产能力。

英国间谍中毒事件 2018 年 3 月 4 日，俄军总参谋部情报总局前上校斯克里帕尔及其女儿被发现在英国中毒昏迷。英国确认该父女所中毒剂为化学毒剂，并认为该事件与俄罗斯有关，随后在国际上引起了激烈反响。该事件涉及到了利用诺维乔克二元神经性毒剂进行暗杀和制造化学恐怖的问题。继 2013 年叙利亚化学武器问题，2017 年金正男凝似被以 VX 化学毒剂刺杀身亡事件后，该事件又一次将化学毒剂推到国际舆论的风口浪尖。

美国科学院发布“合成生物学时代的生物防御”报告 2018 年 6 月 23 日美国科学院在线发布了《合成生物学时代的生物防御》报告。报告制定了一个战略指导框架，旨在评估生物技术发展的安全风险，重点关注合成生物学的进展。评估框架包括技术可行性、武器化可能性、使用者要求和风险降低可能性 4 个因素。应用评估框架对合成生物学相关的 12 种使能能力进行了评估。12 种能力共分为三类：病原体相关能力，化学或生物化学物质生产能力和改变人类宿主的生物武器能力。按照关注度从高到低排序将 12 种能力分为了 5 级。最后得出的结果论是：合成生物学拓展了发展新武器的可能性，也扩大了开发新武器的群体范围，减少了开发所需的时间；国防部及其他机构应采用评估框架来评估合成生物学能力及其影响；国防部及其他机构需要新的生物武器和化学武器防御方法，应对这些新挑战。报告建议就以下几个方面进行探索，以解决合成生物学所带来的挑战：①提高以不同寻常方式呈现的合成生物使能武器的检测能力；②利用计算方法来降低威胁，随着合成生物学对计算设计和计算基础设施的依赖程度越来越高，计算方法在预防、检测、控制、溯源中的作用将变得越来越重要；③利用合成生物学推进检测方法、药物、疫苗和医学应对措施的开发。

美国批准首个抗天花病毒药物 2018 年 7 月，美国食品药品监督管理局（FDA）批准了 SIGA 公司的新型抗天花病毒药物 TPOXX®（Tecovirimat），该药物研发得到了美国卫生与公共服务部生物医学高级研发局（BARDA）的资助。TPOXX®是 FDA 批准的首个抗天花病毒药物。它是一种新型抗病毒小分子疗法，作用原理是防止天花病毒离开被感染的细胞蔓延到身体的其余部位，有效地控制感染，直到机体的免疫系统可以抵抗该传染病。BARDA 的生物盾牌计划已经决定向 SIGA 购买 200 万份口服 TPOXX 列入美国国家战略储备。

英国发布《英国生物安全战略》 2018 年 7 月 30 日，英国环境、食品和农村事务部、卫生和社会福利部以及内政部联合发布《英国生物安全战略》。该《战略》评估了生物威胁的三大风险来源：自然疫情、实验室事故和蓄意攻击。并提出风险处理的 4 项措施和手段：认识、预防、监测和应对。该《战略》首次将政府各部门与生物安全相关的事务进行了协调与整合，强调了政府机构在生物防御过程中的重要作用，并指出强大的科学基础实力，工业界、学术界的积极配合以及广泛国际合作是让英国不受重大生物事件破坏的保障。

美军发布新版战术战伤救治指南 2018 年 8 月，美军公布了新版战术战伤救治指南（Tactical Combat Casualty Care，TCCC）。新版 TCCC 是美军战术战伤救治委员会根据海外实战经验及循证医学证据，对 1 月 TCCC 版本进行的再度更新。TCCC 指的是美军在战术、战斗环境中 I 级救治阶梯为伤员提供的救治，主要包括止血、通气、气胸、液体复苏、抗感染等技术，由士兵自救互救和战斗卫生员、营救护所和卫生排负责完成，是美军战地卫生员培训的主要内容。主要目的是在战术环境中为伤员提供的高质量的急救。此次主要更新了关于在战场环境下伤员气道救治、疑似张力性气胸的处理以及严重休克伤员救治的建议。在气道救治技术方面，推荐 i－gel 作为首选的辅助通气工具；张力性气胸方面建议对于出现呼吸急促或窘迫的伤病员，继续采取积极的救治策略，即进行疑似张力性气胸急救，而不是等到张力性气胸发生休克后再治疗。对于严重休克伤员，增加简单胸廓造口术和胸部插管作为进一步的治疗方案。

美军新型抗疟药——他非诺喹获批上市 2018 年 8 月 8 日，美国陆军医学研究与物资部与 60 度医药公司（60P）共同研发的抗疟新药——他非诺喹（tafenoquine，商品名 Arakoda））获得 FDA 批准上市。他非诺奎是近 60 多年来第一个获批的单剂量根治间日疟的药物。他非诺喹最初是由华尔特里德陆军研究所的科学家发现并合成，是一种 8 – 氨基喹啉，具有抗所有类型疟疾的活性，随后由美国陆军和 60P 共同研发而成。Arakoda 片主要用于预防 18 岁及以上患者的疟疾，能防治两种主要类型的疟疾（间日疟原虫和恶性疟原虫），杀死血液和肝脏中的寄生虫。

美国发布《国家生物防御战略》 2018 年 9 月 18 日，美国发布首份《国家生物防御战略》（National Biodefense Strategy）。特朗普总统同日签署《国家安全总体备忘录》，就《战略》实施提出要求，提供指导。该《战略》是美国首个全面解决各种生物威胁的系统性战略。《战略》系统阐述了生物安全总体形势，明确生物防御目标和路径，提出构建更加协调、高效和负责任的生物防御体系。该《战略》由美国卫生与公众服务部联合国防部、国土安全部和农业部共同起草并将在未来共同负责相关计划实施。战略的远景为“美国积极有效地预防、准备、响应、减轻由自然、偶然或蓄意生物威胁带来的风险并且从其中恢复”。该战略通过建立一个分层的风险管理方法来应对生物威胁，并提出了 5 个目标：①通过加强风险意识促进生物防御团体的决策；②确保生物防御团体有能力防范生物事件；③确保生物防御团体做好准备应对生物事件；④迅速响应以降低生物事件的影响；

⑤促进生物事件后社会、经济和环境的恢复能力。

美军发布新版联合作战卫勤保障条令 美军参谋长联席会议于2017年11月发布了新版JP4-02号联合出版物《联合卫勤》(Joint Health Services),该条令是美军最高级别的卫勤保障指导性文件。联合出版物系列条令由美军参谋长联席会议主席签发,根据规定,如果没有特殊情况,各军种、联合作战部队和特种部队的指挥官必须执行该条令所规定的内容。新版《联合卫勤》条令适用于指导美军各种军事行动的卫勤保障活动,是对上一版条令(2012年7月版)的全面更新与升级。美军新版《联合卫勤》条令正文部分共6章,分别是联合卫勤能力概述、卫勤保障、部队健康保护、作用与职责、各类卫勤保障行动、卫勤保障计划制定等。通过与2012年版条令进行比较,新版《联合卫勤》条令具有以下几个特点或变化:①强调联合卫勤保障能力;②重视战术战伤救治能力;③新增卫勤规划模拟工具。

俄罗斯指控美国在格鲁吉亚建立“生物武器实验室” 2018年10月4日,俄罗斯国防部召开记者会,俄军化生辐射防护部队司令基里洛夫少将表示,有迹象显示,美国在格鲁吉亚运营着一个秘密生物武器实验室,并称此举违反国际公约,对俄罗斯构成直接安全威胁。

俄方指控的主要证据由格鲁吉亚国家安全局前局长吉奥尔加泽提供,其公布的资料显示,美国投入1.6亿余美元支持并操控了位于格鲁吉亚的理查德·卢格公共卫生研究中心。俄方认为,该中心实验室以治疗为名,实际上开展了高致死性生物和化学制剂的评估试验,中心的部分专利文件还涉及美国开发运送和使用生物武器的技术手段的相关信息。除了卢格中心,俄方指责美军在俄罗斯边境与多个邻国实施了广泛的军事生物计划,如收集俄罗斯公民的滑膜组织和RNA样本、搜集相关传染病传播数据、攫取有关国家具疫苗耐受及抗生素耐受性的致病菌株库等。同时,俄方还认为,从格鲁吉亚蔓延到俄罗斯、欧洲和中国的猪瘟疫情，以及卢格中心附近地区虫媒传染病疫情等都与美国有直接关系。针对俄方指控，美国国防部对此予以否认，并将其称为“俄罗斯针对西方捏造的虚构和虚假情报”。

美军利用虚拟现实技术开发战伤急救模拟训练系统 2018年美军利用虚拟现实技术开发了“Combat Medic”（战斗卫生员）系统，该系统是一款来自美国Virtual Heroes公司开发的严肃游戏软件，也是众多医学模拟方法在美军卫勤训练中应用的一种。“Combat Medic”是严肃游戏技术在战救模拟训练的进一步应用，它有效地结合了当前较为先进的游戏引擎技术、精准的战伤发生机制和沉浸式战场环境，能极大拉近平时训练与战时运用的距离。设计的总体理念和目标是基于战术战伤救治训练要求提升战斗卫生员针对战场可预防死亡的三大原因，即大出血、气道梗阻和张力性气胸的培训效率和救治能力。该系统引入了越来越具有挑战性的战场急救场景，并通过环境内的各种干扰增加参训者的整体认知负荷。实时、交互式的沉浸感使认知负荷与参训人员产生共鸣。不仅适用于个人训练，也适用于团队训练。在团队练习期间，参训人员可以选择使用支持麦克风的耳机进行通信，从而实现有效的团队沟通、分工和治疗协调。大大提高了其一线战伤救治能力和水平。

2018年全球重大疫情 2018年5月8日，刚果（金）向世卫组织报告该国西北部赤道省发生埃博拉疫情，这是该国自1976年首次发现以来的第九次暴发。2018年4月5日至7月24日，共报告病例54例，病死率为61%，为埃博拉—扎伊尔型。在这次疫情中，首次使用由默克公司提供的试验性疫苗rVSV－ZEBOV。接种对象为参与疫情应对的医务人员和其他响应人员，埃博拉病例的接触者以及接触者的接触者。

这次疫情宣布结束后不久，刚果（金）的北基伍省和伊图利省发生新的疫情，与前一次没有流行病学关联，为该国第十次暴发。目前疫情仍然持续，截至2018年12月26日，共报告病例591例，病死率为60%，为埃博拉—扎伊尔型。54名医务人员感染，14人死亡。疫情中心从最初的农村地区转移至城市。儿童和女性感染比例较高。在这次疫情中，首次使用试验性药物mAb114、Remdesivir、ZMapp和Regn3450－3471－3479等治疗患者。

在世卫组织和合作伙伴支持下，该国卫生部强化的响应措施包括：应急响应的多部门合作、疾病监测、密切接触者追踪、实验室能力、感染预防和控制、病例管理、风险沟通和社区促进、疫苗接种、心理学支持、安全有尊严丧葬、跨边境监测和邻国应急准备等。由于疫区与乌干达、卢旺达和南苏丹等国家接壤，乌干达于2018年11月7日在高风险区为医务人员和前线工作人员接种疫苗，成为第一个没有暴发疫情就开展疫苗接种的国家。